深度学习与智慧交通

焦海宁　郭濠奇　著

北　京

冶 金 工 业 出 版 社

2023

内 容 提 要

本书介绍了智慧交通和深度学习的基本内涵及国内外研究状况，提出了将深度学习融入智慧交通的研究体系，具体通过基于 RetinaNet 的车牌识别系统、交通枢纽关键物体检测、基于 CSRNet 算法的交通人群计数、基于 SSD 交通标志检测识别、交通枢纽的关键物体跟踪等多个案例进行详细探讨，全方位体现了深度学习与智慧交通的完美融合。

本书可供从事交通运输、无人驾驶和车联网技术的工程技术人员参考，也可供高等院校人工智能及其相关专业的师生阅读参考。

图书在版编目(CIP) 数据

深度学习与智慧交通/焦海宁，郭濠奇著 . —北京：冶金工业出版社，2022.6（2023.11 重印）

ISBN 978-7-5024-9200-7

Ⅰ.①深… Ⅱ.①焦… ②郭… Ⅲ.①机器学习 ②城市交通运输—交通运输管理—自动化—研究—中国 Ⅳ.①TP181 ②U495

中国版本图书馆 CIP 数据核字（2022）第 109223 号

深度学习与智慧交通

出版发行	冶金工业出版社		**电　话**	(010)64027926
地　址	北京市东城区嵩祝院北巷 39 号		**邮　编**	100009
网　址	www.mip1953.com		**电子信箱**	service@ mip1953.com

责任编辑　张熙莹　美术编辑　彭子赫　版式设计　孙跃红
责任校对　郑　娟　责任印制　禹　蕊
三河市双峰印刷装订有限公司印刷
2022 年 6 月第 1 版，2023 年 11 月第 2 次印刷
710mm×1000mm　1/16；9.75 印张；208 千字；146 页
定价 58.00 元

投稿电话　（010)64027932　投稿信箱　tougao@cnmip.com.cn
营销中心电话　（010)64044283
冶金工业出版社天猫旗舰店　yjgycbs.tmall.com
（本书如有印装质量问题，本社营销中心负责退换）

前　言

当前全球范围内所面临的重大交通拥堵、事故多发、环境污染等公共问题，仅靠增加对基础设施的搭建及使用更多传统的城市交通管理手段已经无法解决，智慧交通作为一种新型模式，旨在引导人们利用新技术、新概念直接进行感知、存储、共享、交互和综合服务，是新时代下感知、人工智能、通信、移动互联、能源管理、车路协同和智慧网联汽车的核心技术集成体，即借助 AI、物联网、大数据等多种新一代信息技术带动现代化智能城市交通服务的解决方案被普遍寄予厚望。据统计，以阿里云、百度、滴滴等为主要代表的高科技公司已与各地政府共同合作，搭建了城市大脑平台，目前在交通信号灯的调控、汽车流量的调节、峰值报警等技术的应用中初显成效。

作为基于人的机器智能学习的一个技术分支，深度机器学习技术则致力于利用建立、模拟学习对象和人脑内部信息系统进行直接分析和综合学习的深度神经网络，通过模仿学习对象和人脑的感知机制直接进行图像、声音和媒体文字等的信息演示和分析解释。时至今日，深度机器学习已被广泛应用于移动计算机深度视觉、语音人脸识别、深度大数据及深度自然语言处理等多个科学技术应用领域，是当前自动驾驶领域研究所采用的热门方法。因此，将深度学习与智慧交通融为一体，从驾驶系统、车辆监控系统、预警防护系统、客流统计、客流疏导及安全预警等多个层面进行深入研究，不仅关系到交通运输业的安全运行，同时对于打造高阶性智能交通系统具有极其重要的理论研究价值和现实意义。

本书共 7 章。第 1 章介绍了智慧交通和深度学习的基本内涵、发展背景及国内外研究状况。第 2 章概述了车牌识别系统的研究现状，利用 RetinaNet 对车牌识别模型构建、测试软件设计进行了详细介绍，实现了车牌的精确识别；利用可视化软件，方便管理者针对结果进行决策判断，能很好地应用于真实场景下的车牌识别任务。第 3 章研究了基于 YOLO 的交通枢纽关键物体检测，验证了 YOLO v3 算法的有效性，改进后的模型不仅对小目标的检测精度很高，同时对遮挡、夜间等恶劣条件下的行人也能实现清晰呈现。第 4 章针对多人群聚集可能会导致恶性事件发生的问题进行探讨，利用基于密度图预测的人群计数算法 CSRNet 对交通人群计数实现模型预测，使得因人群遮挡或目标尺度小带来的误差降至最低。第 5 章针对交通标志检测识别，实现了 SSD 网络结构、主干网络、损失函数、锚点的设置，同时对 SSD 目标检测算法进行了研究。第 6 章主要研究了交通枢纽的关键物体跟踪，完成了基于 YOLO v5 和 Deep SORT 模型的交通枢纽关键目标跟踪算法，验证了模型的速度和准确率。第 7 章对本书的研究工作及成果进行了总结，并对未来的工作提出了建议。鉴于本书主要是对人群和车辆进行研究，人脸及车牌信息属于个人隐私，不便公开，故书中对部分相关图片进行了模糊化处理。

本书由江西理工大学资助出版，本书的研究工作受到了中国科学院赣江创新研究院自主部署科研项目（项目编号：E255 J001）的资助，在此一并表示感谢。同时感谢江西理工大学电气工程与自动化学院为本书研究工作的梳理与提炼提供了良好的科研条件和有力支持。

由于作者水平所限，书中不足之处，敬请广大读者批评指正。

作　者

2022 年 4 月

目　录

1　绪　　论

1.1　智慧交通概述

智慧交通系统是我国交通运输、城市建设和自然资源卫生保护等各种交通基础性工作中的一个重点和基本内容，它是新技术、新概念和创造性模式下人类所能够直接进行的感知、存储、共享、交互和综合服务的重要手段，是新时代下感知、人工智能、通信、移动互联、能源管理、车路协同和智慧网联汽车核心技术集成体，在我国现代轨道交通运输业中也扮演着重要角色，并与交通运输、交通管理及控制技术的发展息息相关。随着我国现代信息与互联网和智慧科学等技术的普及与迅猛发展，智慧交通的各项内容、制度及其形式都已经发生了巨大的变化，为解决当前全球范围内所面临的重大交通拥挤、交通事故、环境污染和资源供应短缺等公共问题提供了明晰的思路，有效地提升了精准交通管理的实际工作效率，并充分利用加强人们对于客观事物及其改变的认识有效地优化了精准交通管理的工作流程，提高了公路交通运输的整体效益与服务水平。在新兴技术和创新产品的不断涌现中，智慧交通的内涵得以不断丰富，逐渐在交通领域散发出迷人的光辉。

1.1.1　基本概念

谈及智慧交通，首先要明了智能交通。智能交通（ITS）概念是 20 世纪 90 年代初期由美国提出的一种设计理念，当时我国社会主义经济和信息化科技的飞速发展使得机动车辆数量的迅猛增加，交通拥塞、事故应急救援、交通管理、环境污染等问题接踵而至，严峻的形势催生了高效快速的综合运输和管理系统，迎来了智能交通系统的诞生。可以这么说，"智能"是智能化交通系统区别于其他传统的交通运输系统的一个基本特点，也是智能化交通的一个根本前提与优势。智能化交通系统利用了信息、数据通信传输、电子式传感器等多种技术，并有效地将其集成到整个交通运输的管理系统，发挥人、车和路的协同效应，达到提升运输效率、保障交通安全和改善运输环境等多种效果。

"智慧交通"这一全新的技术概念最早可以追溯至 2009 年前在 IBM 正式批准颁布的《智慧地球赢在中国》十年战略规划书[1]中，是一种泛指在当前我国推进传统行业智能智慧交通的各种信息应用技术基础上，融入移动物联网、云计算、大数据、移动万物互联等新型现代化的各种高新IT应用技术，通过各种新型现代化的高新IT应用技术和信息形式，汇集各种新的智慧智能交通动态信息，提供一个真实的智慧交通动态信息和数据下的交通信息系统的概念。作为与"智慧电力""智慧医疗""智慧城市""智慧供应链"和"智慧银行"并驾齐驱的"智慧经济"中国战略目标之一，智慧轨道交通将聚焦于汽车和交通运输领域，旨在打造以汽车和信息技术的高度集成、信息资源的综合应用为主要特点的大规模轨道交通发展创业新模式。

相比于智能交通而言，智慧交通更加突破了智能化基础设施建筑技术的理念和辩证思维，强调以智能化的IT技术和产品作为主要手段，以智慧路网建设作为一个重要契机，着力探索智慧路网、智慧出行、智慧设施、智慧物流和智慧管理等各个方面的内容；始终秉承以人为本、服务于社会大众的经营理念，运用现代人类聪明思维与观点的方式来解决和处理实际生活中可能会遇到的各种交通问题，全面地提升了对交通工程建设的管理和服务水平。在一定程度上，智慧交通的提出推动了交通运输技术和发展模式先进变革，它们都是在传统数字化交通和现代智能化交通的基础上进一步发展而来。

时至今日，智慧交通的内涵不断更新，几乎覆盖了现代出行的方方面面，从大体上看，交通实时监控、公共交通管理、交通信息服务都属于智慧交通的范畴，与此同时，随着智能化与自动化技术的不断更新，融入先进技术的人流动热力跟踪分析、交通枢纽拥堵预测和智能防护预警等服务也被纳入其中。在大数据技术研究的不断深入下，智慧交通的"智慧"给交通运输造就了良性发展的轨道，赋予交通一个智慧的大脑，及时消化和吸收各类基础数据信息，合理利用有效信息，管理维护交通运输体系，向更高效智能的生活逐步迈进。

1.1.2 体系结构

现代信息技术的发展推动了我国智慧交通行业的信息化、智慧交通系统的建设和交通运输系统项目规划，伴随着云计算和互联网等大数据技术的成熟，智慧交通系统的结构越来越完善，整体呈现"五层三体系"的局面。其中，"五层"主要指的是企业基础网络设施管理层、数据中心融合管理层、应用技术支持层、应用管理系统开发层及企业门户网站层；"三体系"主要指的是实现信息安全技术行业标准化的行业规范性管理体系、信息安全规范制度管理体系及信息管理机构编制体系。

1.1.2.1 基础设施层

智慧交通系统的基础设施层包括建立系统的各种有形和无形设备，以软件和硬件设备两种形式出现。构建系统的硬件设备包括信息采集设施、信息发布设施和计算所需配套设施。构建系统的软件设备涵盖云管理平台的各种计算资源、存储资源，高度智能化的专用网和运营商网络，以及公众号和互联网网站服务等多方面内容。智能技术的发展加固了交通系统的软件和硬件设备，使得交通系统赋予了更强的智慧特征，以更加自动和智能的姿态立于基础设施堡垒之上。

云管理平台的统一管理和监控是基础设施层的重要内容，在智慧交通系统的正常运转、异常处理和紧急预警任务中发挥着重要作用，是强化智能自动化的重要途径。在云平台中，机房设施和计算能力是管理平台正常运行的重要保障，基础设施即服务（IaaS）的接入是管理平台智能体验的重要媒介，构建虚拟化、云端部署和池化的弹性资源池，是管理平台及时反馈的不二法门。

互联通信的安全性与网络高效性一直是我国基础设施层的重点关注对象，智慧互联网交通系统的特点是基础设施层必须要求互联网具有高度的智能化、高度的柔性和对环境的高度适应等技术特点，在各种专用和运营商的网络中都具备这些特点，因此，基础设施层不局限于有线网，在日渐盛行的无线网通信也同样适用。利用有线和无线网络通信的交织，结合公众号、互联网网站服务等有形途径，智慧交通系统充满了扩展的可能，兼具灵活性、安全性和高效管理性，在服务质量保证（QoS）上表现出很高的可信度。

数据资源的获取和传送是基础设施的重点任务，在智慧交通系统的管控中具有重要作用。在轨道交通系统基础设施层，主要是通过对数据自采和资源共享两个多功能方面的技术手段对系统信息进行了数据采集和感知，具体指的是系统利用数据采集设施或者从其他系统的平台上获取交通运输的数字化信息，如录制交通视频、统计车辆的收费、获取气象信息等，通过这些信息可以预测或者直观感受交通系统的交通流状态，检测交通环境，避免交通事件的发生，构建基础设施数字化信息网，便利车辆收费、物流投递和统筹管理等多种交通任务。

交通资源的获取可以看作是智慧交通系统的输入，与之对应的信息发布和执行就是智慧交通系统的输出。在智慧系统的存在下，输入与输出已经不再是单独的一一映射关系，而是多元化、多样化和富有灵活性的多对一、多对多等不定关系，靠一个"智慧的大脑"进行高效运转。通过智慧交通系统得到近似真实值的信息将在情报板、微信公众号或者互联网网站等进行发布，在广播、电子指示标志和服务区等均有体现，且这个交织网将越变越大。

1.1.2.2　数据融合层

在智慧大脑的运转中，原始数据的输入往往冗杂而多样，针对原始数据的预处理过程是提高智慧大脑高效运行的有力保障。这种数据预处理的操作也被称为元数据管理，可以是针对结构化的数据或者非结构化的数据而言进行具有针对性的分析清洗或者筛选。结构化的数据库就是信息系统，如 ERP、HIS 和财务系统等都在这个定义范围内。该类信息化数据库以高速存储应用的需求、数据备份的需求、数据资源共享的需求和数据容灾的需求为基础的内容，构建一个较为安全完备的存储方案。非结构化数据是包括视频、图片和文档等建立起来的音视频数据仓库，其字段长短不一，通常以二维表的形式表达逻辑关系，且对关系数据库结构定义的改变操作具有一定的灵活性。

交通数据资源的有效利用离不开全面、完善和权威的基础数据库，这就要求对采集到的结构化和非结构化数据进行适当的数据转换、数据清洗和数据筛选等操作，构建容量充足的数据仓库，形成便捷的数据集市，为全局统一的采集、存储和服务工作做铺垫。为了避免传统信息系统烟囱式布局方式的弊端，实现信息贡献共享与交换势在必行。因此，对基础数据的综合管理与应用，对各管理机构的决策支持，对公众交通信息服务的及时反馈，都是形成交通行业基础数据库的重要手段。一个安全的、全面的和专业的行业数据库与数据采集、数据更新和数据共享机制息息相关，是智慧交通系统的数据融合层的具体内容，也是数据资源进行全面规范采集、及时有效更新、合理共享与交换的根本保证。

1.1.2.3 应用支撑层

应用支撑层，是支撑智慧交通系统进行实际应用的主要媒介，主要包括开发、管理、分析、设计和服务等多项步骤的必要工具，是工具即服务（TaaS）思想的有力体现。智慧交通系统多样的产品离不开底层工具的支撑，有效安全的工具是应用正常运行的重要保障，为不良入侵、恶意诋毁和重大损失的杀伤能力提供有效的坚固堡垒，为更稳固的团队建设和平台服务提供契机。

应用平台的开发管理离不开成熟的软件和权限，这就是开发工具和管理工具存在的必要性。开发工具为操作代码提供强有力支撑，软件开发工具是构建软件的基础条件，合适的 C/S 和 B/S 软件开发工具是形成合适架构的强有力引导条件，安全可靠的注册、管理和控制台等是平台化系统软件形成的必然要求。而统一权限管理工具，为实施工作流管理提供了重要途径，有效保障了系统的一体化。

应用平台的设计本质上也是工程设计，因此 BIM（building information modeling）+GIS 集成环境作为工程设计工具也是必不可少的[2]。BIM 在国内主要应用指的就是对于模拟建筑物数字信息的综合模型，主要表现形式来说就是对于模拟数字信息的一种综合模拟应用，利用这些模拟数字信息对于一个建筑物整体模型进行输入，构造一个建筑物的整体模型，仿真后就得到了进行建筑物造型模拟时候所需要的真实数字信息。它具有八个主要的技术特点：（1）相关信息的完备性；（2）相关信息的紧密关联性；（3）相关信息的准确一致性；（4）相关信息的准确可视化；（5）相关信息间的协调性；（6）信息模拟性；（7）相关信息的综合优化性；（8）相关信息的准确可视和出示性。在一些构造新型建筑工程的早期进展实践中，通常可以把它用来帮助构造新的建筑工程集成管理环境，能够显著提升效率，有效减少工程实施的风险。GIS 系统是一种泛指地理信息系统，主要是指适用于对城市地理信息空间和其他分布式数据系统进行综合管理的一种计算机应用信息管理系统，一般以各种地理数据、系统或者各种应用管理软件相互或结合的方式来实现其与 BIM 的有效信息整合和广泛应用。它已被广泛应用于我国城市规划、交通状况分析、微环境影响评估、市政管理和环境监测等多个领域之中。

智慧交通系统的应用平台应当具备"智慧"的特征，先进的技术分析工具也应该成为应用平台的重要内容。当前，机器学习和人工智能算法不断发展，数据可视化手段不断更迭，面对容量巨大的数据流，大数据处理、数据挖掘和预测分析等工具不断涌现，为应用平台的分析提供了丰富的技术支持。与此同时，网络的虚拟化手段、集群并行运算模型的方式及负载均衡等技术为平台服务提供了一种新的状态管理服务，这为利用云架构来部署的平台服务及拓展和个性化提供了一种可能。

1.1.2.4 智慧应用层

智慧交通系统的特点是智慧应用层形式多样、内容包含很广，是实现交通大数据的融合和统一支撑的工具，承载着对系统的检测、应急处理、预测分析和全局管控的重大任务，是完成具体工作的工具。智慧应用层要求具备涵盖全方位、重难点突出、兼有分析广度、研究深度等特征，并且在交通运输管理中能够为客户提供一个科学的规划、决策依据。

在利用云架构部署的平台上，智慧应用层的产品形式十分多样，可以是有形的 PC 或手机，也可以是无形的 SaaS 服务、网络服务或者是微信公众号及微博等。不论是有形还是无形的产品形式，都在一定程度上促进着智慧交通行业的主要业务处理进程，促进着交通大数据的流通和传达，进而推动着设施管理与维护、行业监管和信息公布等重要进程，持续维护着智慧应用层的正常运转。

自动化、智能化的分析应用体系离不开智慧应用层对交通大数据的融合和统一，利用应用层产品，工作人员可以通过信息化工具对网络资源进行管理，对交通基础设施进行全方位管控，对交通基础设施维护过程进行信息透明化。

1.1.2.5 门户层

门户层主要是针对智慧应用层而言的上层，由于智慧应用层的形式灵活多样，相对应门户层也不单调，且需要有针对性地为用户提供内部用户和社会公众用户两种不同的功能和个性化用户界面，以供智慧交通系统的其他用户进行访问。门户层主要以客户端、浏览器及移动应用手机软件等多样化形式存在于个人电脑（PC）及移动终端（如智能手机、平板电脑等）有形产品上，维系着现实数据与虚拟平台，管控着信息的流向与传播。

信息发布设备与数据平台的有机结合是促使交通行业大数据得以有效利用的关键，数据平台对数据进行处理、存储和扩增，信息发布设备对处理后的有效数据进行可视化呈现。目前，设置在城市交通运输基础配套设施沿线现场的交通情报展示板逐步发展到形成一个用户可以通过互联网可直接触屏的信息智能板，控制服务中心和顾客服务区大屏也逐步发展为加上监控机器人等元素，信息的及时发布也使网站更加便捷和高效，如微信、微博、短信、广播和导航地图等常见的信息发布设施更加全面和详尽，推动着智慧交通的智能门户建设。

1.1.2.6 信息安全体系

安全高效的信息交通行业大数据对于智慧交通的稳定和运行至关重要，合理的信息安全战略是维护智慧交通信息系统安全的重要保证，对构建系统、数据和服务中的安全数据管理具有重要作用。针对我国网络上的信息安全，国内已经制定和颁布了多项安全自律法条和安全技术标准，包括《中华人民共和国网络安全法》《信息安全等级保护管理办法》和最新的网络安全技术等级信息安全保护2.0标准所有条款规定的安全技术性能等级要求，相关部门的注意力并不因为科技能力的增强而有所懈怠，相关法条、政策和标准正在依据现实情况，向更加安全、智能、全面的方向逐渐完善。

信息安全制度体系建设是实现智慧交通网络系统安全、稳定运行的一个重要保证，因此，要求系统对于信息登录入口、认证和授权等功能朝着更加专业化、定制化和防线固化的方向发展，更加有效地阻止第三方客体的入侵，避免恶意窃取、破坏和滥用等情况的发生。据《大数据安全标准化白皮书》提及，智慧交通系统生产流程的合理控制和保护，离不开构建安全可信的大数据框架，离不开相应的技术、管理和运行决策，离不开多维度的保障应用与数据安全。

平安高效的智慧交通系统为安全服务提供了经济、有效的途径，为系统的安全运行提供了有力保障。信息安全系统的存在要求通过对信息系统安全威胁和对三类被破坏或者其他信息系统中的数据所造成的被破坏信息进行全面的评价，要对信息安全防御等级具有较为精准的认识，并依照各个等级指出合理的信息安全战略，以有效地确保整个信息系统的数据安全。

1.1.2.7 标准规范体系

标准规范体系是促进智慧交通系统合理落地的有力保障，为智慧交通的标准化、专业化和一体化工作创造了条文支持。标准规范不应限于通信工程、物联网和云计算等方面的标准规范，还应包括电子政务、物流信息化的数据源、代码和报文单证等重要内容的标准，从基础到关键标准中逐个攻坚克难，避免冲突和歧义，向更完善、更全面、更高效的智慧交通体系规范迈进。

智慧交通系统规范的制定离不开各个标委会的精心雕琢，离不开政府部门的商榷讨论，离不开实际场景的调查考量。可以说，一个标准规范的制定和出台是政府、交通业界专家和人民的智慧的结晶，是结合理论与现实的实践结果，是顺应新时代发展潮流的与时俱进的智慧交通规范。

1.1.2.8 管理制度体系

一个健全完善的智慧交通系统管理体系是系统常态化运行的重要前提，理应涵盖管理机构、管理制度和管理决策等重要内容，以确保在云计算平台上的正式正常运行。针对每一个技术的步骤或者每一种关键技术环节，都应当做到有规可依、有例可循，如安全管理和网络服务等方面就应当严格遵循针对网络管理等级 2.0 的相关要求，通过合理而严格的管理制度，结合交通运输系统的标准规范，共同维护智慧交通系统的常态化管理运行，保证安全服务机制的正常运营。

安全管理和服务只是管理制度体系的冰山一角，实际上，云计算平台的正式运用不仅需要对网络环境做出相应要求，对工程的自评、测评和检查等也是必备手段。要使一个管理制度体系得以延续，就要对制度不断进行完善和修订，及时进行查漏补缺，对体系存在的问题进行检查，对反馈的实际情况进行考量，对合理的意见和需求进行审计，对薄弱的环节进行及时加固。唯有如此，才能够建立一个适合于智慧交通体系管理和运维的常态化检查与安全服务的机制。

1.1.3 相关政策与研究进展

为贯彻落实《国务院办公厅关于深化改革推进出租汽车行业健康发展的指导意见》，规范网约车行业健康发展，2018 年 6 月 5 日由交通运输部、中央网信办、工业和信息化部、公安部、中国人民银行、税务总局和国家市场监督管理总局等七部门联合印发了《关于加强网络预约出租汽车行业事中事后联合监管有关工作的通知》。《通知》提到近 70 家网约车平台已获得经营许可，网约车发展正逐步规范化。但网约车仍存在非法营运、部分平台公司经营行为不规范及安全风险大等突出问题，给行业监管工作带来新的要求。针对此，《通知》明确提出要创新监管手段和多元治理机制，结合行业特点，探索利用互联网思维、信息化手段创新监管手段，提高监管效能。要完善协作机制，实现信息互通、资源共享和行动协同，探索建立政府部门、企业、从业人员、乘客及行业协会共同参与的多元治理机制，共同推动网约车行业健康发展。这一提议为交通的监管工作开拓了办事思路，为交通与信息技术的融合提供了先机，也为交通运输信息化铺平了道路。

针对交通信息化发展出现的标准滞后、引领性弱等问题，《交通运输信息化标准体系（2019年）》于2019年5月31日应运而生。科技司提到，在《体系》编制过程中秉承先进性原则：遵循国家信息化、标准化发展战略，适应综合交通运输现代化发展需要，促进云计算、大数据、物联网、移动互联网、人工智能等信息技术在交通运输行业的创新应用和发展，并为后续进行业务领域、重点技术领域扩展留有空间。这一原则推进了交通运输信息化进程，为深度学习等人工智能技术赢得了一席之地。

2019年12月13日，科技司就交通运输部印发的《推进综合交通运输大数据发展行动纲要（2020—2025年）》这一文件开展关乎"新时期推动综合交通运输大数据发展怎么干"的政策解读，特别强调要用数据资源给交通发展赋能，"把握一条主线，关注四个重点，实施五大行动，加强四个保障"。主线意味着推进综合交通运输大数据发展在信息化中核心地位的确立，在新时代交通运输行业中已经达成发展共识。同时也应注意到，在推进交通运输信息化进程的同时，要一直以构建大数据中心体系为目标，擘画交通强国蓝图。在构建交通运输信息化体系的途中，应当尽可能多地把握大数据技术的发展规律，并与时俱进地将其与时代特点进行兼并考虑，从而顺应时代发展规律，让交通运输信息化在大数据的浪潮中顺利扬帆起航。在构建体系环节，不仅要将目光投向未来的光明前景，也要看到当下的层层关卡。在大数据时代，数据资源是最显而易见又是最为便捷可得的资源，更是交通发展中运输信息化的瑰宝。在用数据资源装点交通运输发展的进度中，也应适当地"因循守旧"：打好基础支撑牌，做好知识与技术的共享开放，重视大数据在运输行业的创新应用，并且在强调安全保障的同时进行合理的管理改革，聚焦交通运输大数据发展涉及的各方各面。同时也应强调"统筹协调、应用驱动、安全可控、多方参与"的推进原则，真正落实到交通运输的点滴之中。

新时代显露出新特征，在交通运输体系下呈现多样性特点。在交通运输体系中，不同领域之间的交互性给大数据发展提供了不同的应用策略。在统筹推进铁公水民邮等领域的发展道路上，大数据的综合协同发展机制也成为不可逆转的趋势。同时，大数据时代对最为关键的数据资源提出了更高要求，数据的采集方式向着更高偏向性、针对性、精确性方向发展。在数据采集的过程中，如何尽可能多地节约人力，如何更加精确地符合对象要求，如何更加高效地采集，如何让数据尽可能多地包含相关因素，这已经成为需要深入思考并不断尝试实践的话题。

深度学习的兴起就是凭借着大数据、算法设计和计算机算力的优势，其中大数据是新时代的产物，也面临着新时代新特征下的发展难题。大数据时代的数据资源广泛而繁多，需要有效的数据采集方式进行筛选，从而满足不同领域中特定任务的特殊需求。例如在图像任务中，进行目标检测、目标分割或目标跟踪等，就需要依据具体任务确定场景、环境条件及考虑不可抗力因素等影响因素，对特定任务采集特定的数据集进行模型训练，且在测试时合理挑选数据集进行泛化性能检测，才能够获取应对该任务的合适模型，从而达到模型的高精度效果。

除数据采集任务外，合适的数据特征处理手段对于深度学习也是一个很好的助力。在针对特定任务采集数据集时，难免会遇到相关数据稀缺的情况，尤其是独辟蹊径的研究对象时，可能能够采集的数据集仅数百张，这就要求在数据特征处理时，能够达到这些数据的合理运用。使用数据增强方式能够对采集好的数据特征进行合理变换，如锐化、缩减、旋转、移位等微小改变，使得数据特征能够更好地被表征，从而尽可能将数据和结果的映射规则体现得更加明晰。更甚者某些特定数据集不到百张，这就可以结合生成对抗进行数据集扩充，或者 Mosaic 数据增强方式等，进行数据集的合理扩充，提高模型对于数据特征的表征能力。

同时，在综合交通运输信息化体系下同样强调重点突出、综合应用等策略。在构建大数据中心体系的进程中，聚焦重点领域数据的归集汇聚，做到突出重点、兼顾各方。在多维度领域中，统筹推进各方面发展，针对具体问题提出具体措施，切实解决遇到的各类实际问题。同时，跨部门协作和跨业务应用成为解决实际问题的常见做法，这是齐心协力做好一件事的良好开端，逐渐弱化权责边界，成为促进人才综合发展的重要手段。在这样的综合交通运输信息化体系下，没有层级界限、没有地域屏障、没有系统划分，是真正做到跨级跨域跨系统的融合体系。

面对跨域跨系统的融合体系需求，深度学习越发体现其用武之地。深度学习其实是大数据时代下一种特殊的机器学习方法，能够通过输入信息和结果，构建满足输入信息和结果映射关系的模型，从而达到输入信息得到合理的预测结果。针对交通运输信息化体系，输入数据的来源和采集是较为易得的，合理的数据采集方法和数据增强方式也可以通过不断地实践与尝试获得，虽然过程可能较为烦琐，但往往最终能够达到可喜的效果。除上述过程外，最具挑战性的是输入信息与结果关系的规则构建，也就是算法结构方面。

关乎算法结构的优化手段根据不同需求体现出不同形态，大体上分为精度提升和速度优化两个方面，且在不同任务中表现出不同的解决方案。以目标检测方法为例，按照惯例该任务的处理方式一般为单阶段算法和两阶段算法两种，其中两阶段算法就是偏向精度提升的，而单阶段算法就是偏向速度优化的。其实，随着现代深度学习技术的不断发展，这种分类的效果边界已经逐渐模糊，部分单阶段算法的精度已经赶超两阶段算法，且依旧维持着速度的先决优势。此外，着眼于速度优化方面，模型剪枝、压缩和量化等专用的压缩加速技巧也逐渐兴起。

其实，将深度学习模型比作探索输入信息和结果关系的工具只是较为浅层的理解，对于其深层的价值并未直观体现，这就需要针对具体的角度进行分析。如果输入模型的是交通枢纽伤亡人数和当时的环境变量因素，就可以尽可能多地通过环境变量数据监测达到合理预测，避免或阻止某些交通事故的发生。如果输入模型的是地震横纵波数据和空气指数、温度等，就可以提前预测地震的到来，及时做好避险和防震疏散措施。如果输入模型的是应对不同事件的应对措施和不同案例，就可以通过模型寻求针对不同情况的最有路径从而解决……不同的需求对应不同的特定任务，从而对应着不同深度学习模型，但其实通过模型蒸馏等手段，也能够达到兼而有之的效果，这也就是融合体系的强有力体现。

那么如何推进交通运输信息化进程呢？《通知》指出，可以通过"五大行动"达成目标，具体为：（1）夯实大数据发展基础；（2）深入推进大数据共享开放；（3）全面推动大数据创新应用；（4）加强大数据安全保障；（5）完善大数据管理体系。在推进过程中，《通知》也强调要做好"四个保障"：一是要加强组织领导，二是要加强队伍建设，三是要加强经费保障，四是要加强效果评估。

对应到深度学习技术在智慧交通中的综合应用，应该怎样落地实施？

其一是夯实大数据发展基础，这就要求在数据采集、数据处理等方式上能够有目标、有针对性地进行选择与尝试，建立健全高效有用的大数据标准体系。这囊括了数据存储、数据分类、数据运营等各方面的内容，细分之下，数据的来源、存储和采集渠道等都在考虑范围之内。

在数据的来源上，通常分为人群产生、企业应用产生和巨量机器产生这三个渠道。从法律角度看，合理拍摄图片或传播数据是被允许的行为，而未经别人同意，私自在网上发布别人照片，用于商业目的或者进行毁损、破坏、辱骂等人身攻击的，构成对肖像权的侵犯，即犯法。这要求，个人、企业或机器在产生数据的同时严格遵循法律相关规律，避免不必要的权利纠纷。

在数据的存储上，随着数据数量的不断增长，已不再局限与限定容量的 U 盘、硬盘等，云盘和服务器等相继诞生。从存储容量、传输速度和保存时限等方面来看，这些线上产品能够有效避免数据量大导致容量不够的问题，但凡事都有两端，也应该看到这些线上产品存在的某些隐患。用户协议往往是被用户忽略的部分，人们往往在享受云盘、服务器带来的极端便利时，不关注或忽视不能逃避的隐私泄露问题。针对此，规范商品和协议条约内容也成为重要一环。

在数据的采集渠道上，目前常见的方法包括但不限于系统日志采集、互联网数据采集、App 移动端数据采集和与数据服务机构合作采集等方式。其中最难把控的就是互联网数据采集方式，由于互联网数据杂糅多样，侵权传播行为并不能很及时地被发现，这有赖于严格的网络监管和敏锐的违规嗅觉。在给公民宣传科学文明上网规范其行为的同时，对于相关商业产品方的惩戒与规范化评估同样重要。

其二是深入推进大数据共享开放，该行为主要是针对政务公开而设的。其目标是达成政务大数据对综合交通运输体系建设的支撑作用，有效提升交通运输行业的数字化水平，促进综合交通运输信息数据的深入共享开放。该项行动包含五个任务：（1）完善信息资源目录体系；（2）全面构建政务大数据；（3）推行行业数字化转型；（4）稳步开放公共信息资源；（5）引导大数据开放创新。

在完善信息资源目录体系方面，主要是为了规范政务信息的查阅与搜索，构建一本关于综合交通运输行业的信息"总账本"。这一过程，包含了数据的来源、采集和发布等一系列过程，具体表现在对于信息的加工过程，对每一次的数据资源传输负责。针对不同交通运输方式、不同行业管理建立名录，对各类信息的来源、收集、更新、发布等行为进行合规性判定，从而达到信息数据资源的规范化。

在全面构建政务大数据方面，主要强调与其他部门数据的交换共享机制。构建交通运输信息资源共享平台，与公安、自然资源、生态环境、水利、文化和旅游、卫生健康、应急、海关、市场监管和气象等部门的信息资源都有具有相关性，为深入推进国家综合交通运输信息平台建设，行之有效的交通运输政务信息资源共享交换机制将成为政务大数据跨部门应用的重要支撑。

在推进行业数字化转型方面，主要是面向企业的建设、运输和经营等方面而设。坚持试点先行原则，鼓励各行业在遵守相关法律的基础上，利用大数据开展融合应用，丰富大数据内容，推进行业数字化转型。生活中，我们看到的共享电动车、无人车、智慧交通等均为这一行动的缩影。

在稳步开放公共信息资源方面，主要是解决什么信息可以公开的问题。针对与民生紧密相关的内容，回应社会迫切需求，努力激活市场活力，构建统一的综合交通运输公共信息资源平台。这要求，相关部门研究完善交通运输相关领域公共信息资源的开放机制，建立合理的开放清单及更新制度，从而高效构建平台。

在引导大数据开放创新方面，旨在形成良好数据开放生态。相关方应"组织开展综合交通运输公共信息资源开放创新活动，支持各类主体开展大数据创新创业。推动政企数据融合创新，引导行业公共企事业单位依法开放自有公共信息资源"，为数据共享开放提供持续动力。

在深入推进大数据共享开放的同时，深度学习模型将大受裨益。深度学习模型的搭建与实现都是以数据为基础的，在规范信息渠道的同时，信息数据的真实性得以保障，采集行为的合规性更加明确，这都将成为深度学习模型可用性的重要支撑。越是准确真实的数据，越能模拟现实场景，从而控制环境变量，达到模仿现实的效果，训练出来的深度学习模型也越具有代表性和应用落地价值。

其三是全面推动大数据创新应用，该行动主要在预测、监管和出行服务任务上发挥作用。针对预测任务而言，推动大数据创新应用，可以体现在利用深度学习技术构建综合性大数据分析技术模型上。也就是说，利用已有的综合型数据集，借鉴已经出现的各种相关案例，设计并完善一个用于辅助综合交通运输相关部门进行决策管理和服务的深度学习模型，这个大数据分析模型将具有很大应用价值。在科学规划的同时，还可以针对评估参数或规则进行策略优化，即利用相关深度学习模型，评判或修正不同综合交通运输规划和实施情况评估条例，从而提升决策和评估工作的合理性与科学性，助力"一带一路"建设、京津冀协同发展、粤港澳大湾区建设等重大国家战略。

就监管任务而言，推动大数据创新应用，可以体现在利用深度学习进行平安交通平台建设上。在车辆本身，超重、超速、超载等都会成为行驶过程的重要安全隐患；在驾驶人方面，瞌睡、醉酒、玩手机等都会在行车途中埋下交通事故的种子；在驾驶途中，超车、紧急事故、不依法礼让等都会对安全驾驶造成一定影响。针对此，利用深度学习技术进行安全监测预警模型的构建与应用，能够很好的规避这些重点领域的安全风险，为防范化解工作做出及时预警。同时，对于相关部门而言，构建跨部门、跨运输方式应急管理大数据，也可以加强对综合交通运输运行状态的掌控，及时获取突发事件信息、应急资源和力量分布，为综合交通运输应急处置和调度指挥提供有力支撑。此外，合理利用信用数据进行舆情检测、风险预警等，加快推动"互联网+监管"，也能够为监管体制提供助力。

就出行服务任务而言，推动大数据创新应用，能够完善全国一体化在线政务服务平台，深入推进互联互通一体化应用。在政务服务平台上，合理利用深度学习技术，能够实现政务服务"一网通办"，及时更新政务服务事项动态，实现电子证照信息共享，便利个人信息的归档工作，深化交通运输政务信息的改革。对于 MaaS（出行即服务）模式，利用大数据时代下的有效信息达成出行需求与服务资源的匹配，是另一个对出行服务的创新应用。不同市场主体对应不同供求条件，针对日常交通和旅游等，提供合理便捷的出行服务，能够带动新老业态动能转化和融合发展，加快交通旅游服务的创新应用进程。同时，不同的供求也对应着不同的货运物流体系，推动大数据创新应用，也将体现在利用大数据预测发展趋势上，能有效引导货运物流行业的健康发展。

其四是加强大数据安全保障，主要针对用户数据安全和国家关键数据安全而设定。针对用户数据方面，要求各交通运输领域继续推进数据分类分级管理，加强对重要数据和个人信息的安全保护工作，并制定相关的安全管理、数据脱敏等制度规范，促进重要信息系统密码技术应用和重要软硬件设备的自主可控，从而加固数据安全保障堡垒。从深度学习技术的应用方面来看，针对数据的分类分级任务，文本识别技术有大量的施展空间；针对数据的安全保护工作，使用深度学习检测 Tor 流量防止网络攻击等也逐渐兴起。其实，深度学习在密码破译方面，已经通过类似于 Seq2Seq 等算法取得了一定的成果，这在一定程度上是比较强大的密码技术危机，需要更为规范和权威的协议和规章进行完善。

针对国家关键数据安全方面，要对交通运输领域中的国家关键数据资源进行全面识别梳理，将保护重要数据纳入交通运输关键信息基础设施的安全规划，并做到"推进国家关键数据资源全面实现异地容灾备份，推进去标识化、云安全防护、大数据平台安全等数据安全技术普及应用"，从而达到保障国家关键数据安全的目的。

其五是完善大数据管理体系，指向综合交通运输大数据发展管理部门。这一行动基于对大数据传输的基本认识，要求通过与机构编制部门的有效沟通，在现有内设机构的基础上，"研究设立或明确综合交通运输大数据发展管理部门，负责统筹推进综合交通运输大数据发展"，从而实现管理体制的改革助力。针对技术管理范畴，要求对于技术管理体系进行相应完善，负责综合交通运输大数据的技术统筹。主要表现为：研究明确统一的公益性综合交通运输大数据管理与应用机构，致力于综合交通运输大数据相关技术部门合作效率的提升。

自动驾驶是智慧交通的重要技术支撑，也是深度学习在交通运输行业应用的缩影。2020 年 12 月 20 日交通运输部发文《交通运输部关于促进道路交通自动驾驶技术发展和应用的指导意见》，就道路交通自动驾驶技术的发展和应用问题提出相关意见与规划。该《指导意见》旨在促进道路交通自动驾驶技术发展和应用，推动《智能汽车创新发展战略》深入实施。该《指导意见》为落实交通强国建设等重大战略提供了机会。随着《新一代人工智能发展规划》《交通强国建设纲要》和《智能汽车创新发展战略》等战略的相继提出，自动驾驶技术的产学研得到了广泛关注，其落地运行、技术研发和新基建部署都成了重中之重。作为人工智能技术的先行落地领域之一，自动驾驶的研发成为发展指挥交通、加速交通基础设施网、运输服务网、能源网与信息网络融合发展等任务的关键力量，对于落实交通强国建设具有重要意义。

在交通运输体系高质量发展的康庄大道上，发展自动驾驶技术具有良好的经济和社会效益，是新一代信息技术和交通运输融合发展的纽带。将自动驾驶与深度学习进行结合，可以重塑道路交通系统形态，为道路交通安全水平的提升保驾护航。道路交通事故的发生与驾驶行为息息相关，如果能够即使检测到危险行径、危险动作或危险障碍物的存在，就能够减少由于疲劳驾驶、注意力不集中、操作失误等人为因素导致的交通事故，给人身安全多一层保障，从而提升道路安全水平。

发展自动驾驶技术能够促进资源的合理利用，优化资源安排规划，有效节省人力物力的耗费。将自动驾驶技术应用于车距检测中，可以较为精准地把控车间距离，有效提升道路的通行能力；应用于车速监测中，能保持车辆的匀速行驶，减少制动和加速，降低能耗排放量等，一定程度上促进低碳生活的形成；应用于港口、场站、工地等作业时间长、劳动强度大的场景，能够实现 24h 无间断运行，极大提升生产效率；应用于个性化出行和疫情防控场景，能够很好地满足特殊需求，实现非接触式物流等任务，达到资源配置的合理分配。

发展自动驾驶技术能够助力国内技术协同研发，满足产业融合发展需要。就自动驾驶本身而言，与汽车制造方、电子芯片方和移动通信方等都有着千丝万缕的关系。随着人工智能等产业的不断兴起，产业融合成为各领域发展的新兴之势，也是自动驾驶的必然之路。尽管这条征途并未走多远，但是发展势头迅猛，功能指标不断创造新高，技术和体系也在逐渐完善。形如五菱、红旗、长安、长城、奇瑞、吉利、比亚迪等国内汽车产家致力于对自动驾驶的产品研发与测试，部分已经在北京、上海和长沙等地推出了出行体验服务，真正实现落地运行；科研院所、标准化组织和行业协会也注重彼此协作，共创技术前沿，筑牢科技堡垒。2019 年，交通运输部还启用交通强国建设试点工作，围绕自动驾驶、车路协同等主题布局相关项目进行开展，引起了各方的积极响应。我们始终认为，加强研究和引导自动驾驶技术，明确自动驾驶领域发展的导向型和针对性；科学谋划落地场景，强化自动驾驶产品的实用性和可靠性，切实为其落地运行实现安全保障和提升社会效益，是推动自动驾驶规模化应用的必然要求。

发展自动驾驶技术能够顺应科技潮流，助力把握全球科技和产业变革机遇。在新一轮的科技变革中，自动驾驶技术作为前沿技术之一，理应受到合理的重视，并激发相关领域的自主创新活力。从法规制定方面来看，美国、欧盟、德国和日本抓住了科技时代的机遇，果断提升自动驾驶技术在国家竞争力中的地位，持续优化法律法规和政策环境，同时大力鼓舞自动驾驶技术的研发与应用，为市场和相应研究提供持续动力。例如，美国的四版自动驾驶政策、欧盟的《通往自动化出行之路：欧盟未来出行战略》、德国的《自动和联网驾驶战略》、日本的《自动驾驶相关制度整备大纲》和《道路运输车辆法》等策略，为自动驾驶的发展提供强大助力。同时，英国、荷兰、加拿大、新加坡、韩国等国家也积极完善政策法规，支持自动驾驶发展。针对此，我国也应主动适应变革趋势，对标前沿领域，不断提升自动驾驶的自主创新能力，促进技术与场景融合发展，以此提升国家竞争力。

事实上，我国对于自动驾驶技术的发展机遇具有敏锐的嗅觉，此前早就开展了多次专题研究，进行该项工作要求的讨论和分工部署。于 2017 年，交通运输部就已经成立了自动驾驶专题研究组，任命庞松为组长，针对自动驾驶技术的发展进行工作机制的建立。专题组统筹协调与自动驾驶相关的部门单位，从行业中积极采纳经验和资源，对于相关政策法规、技术和产业发展情况进行动态跟踪，并提出针对性工作建议，为推动自动驾驶的发展储备了丰富的决策支撑资源。

2018 年，交通运输部与工信部、公安部联合出台了《智能网联汽车道路测试管理规范（试行）》，逐渐开始网联汽车的安全测试工作，到 2020 年年底已经基本制定好了 20 个地区的实施细则，实现了近 400 张智能汽车的牌照发放。为进一步减小测试过程对于交通运输运行的影响，还划定了 7 个自动驾驶封闭场地测试基地，出台《自动驾驶封闭测试场地建设技术指南（暂行）》，实现对自动驾驶技术的研发与相关产品测试的支撑。并联合科技部一起建立了"综合交通运输与智能交通"重点专项实施计划，开展自动驾驶和车路协同关键技术的研发活动，目前已有多家自动驾驶行业研发中心正在进行相关技术的研发工作。

此外，在自动驾驶的标准体系上也进行了相关研究，如发布了《营运客车安全技术条件》和《营运货车安全技术条件》等基础标准，并与工信部和公安部合作签署了《关于加强汽车、智能交通、通信及交通管理 C-V2X 标准合作的框架协议》，组织编制了《国家车联网产业标准体系建设指南（智能交通相关）》，进一步规范自动驾驶产品应用行为。在进行大规模落地应用前，交通运输部坚持试点先行原则，组织开展了新一代国家交通控制网和智慧公路试点，并在京礼高速、洋山港东海大桥、雄安新区等实际需求场景中推进一批自动驾驶和车路协同试点项目，探索前沿技术的应用方案。

落实上述准备工作后，《指导意见》就典型场景应用示范为切入点，贯彻中央创新驱动发展战略，坚持问题导向，按照"鼓励创新、多元发展、试点先行、确保安全"的原则，为交通运输中自动驾驶技术的发展和应用做出规划，一共提出了四个方面、十二项具体任务，为深度学习在自动驾驶领域的应用开拓了方向。

一是加强自动驾驶技术研发。包括加快关键共性技术攻关、完善测试评价方法和测试技术体系、研究混行交通监测和管控方法、持续推进行业科研能力建设等，引导创新主体围绕融合感知、车路交互、高精度时空服务、智能路侧系统、智能计算平台、网络安全、测试方法和工具、混行交通管理等进行攻关，不断健全技术体系。这意味着深度学习在自动驾驶产品中的视频监控、测评系统及信息服务方面将大有可为。

自动驾驶涉及的关键技术主要有：环境感知和传感器融合、智能网联 V2X、高精度地图。其中，环境感知一般利用视频监控中的图像进行特征信息利用，从而判断或定位为危险物等，联合传感器启用紧急避障方法。智能网联 V2X 能够结合评测系统，对汽车本身数据进行汇集与判断，从而及时发现设计或机械上的缺陷，进而改善自动驾驶相关产品。高精度地图大体上可以分为两个层级：静态和动态高精度地图。其中，静态高精度地图是目前研发的重点，一般由含有语义信息的车道模型、道路部件、道路属性三类矢量信息，以及用于多传感器定位的特征图层构成。而另一个层级动态高精度地图则主要包括实时动态信息,既有其他交通参与者的信息(如道路拥堵情况、施工情况、交通事故和交通管制情况、天气情况等),也有交通参与物的信息(如红绿灯、人行横道等)。不难看出,上述任务涉及的大规模数据流将对应着庞杂的数据处理方法,而这恰好是深度学习技术所擅长的。

二是提升道路基础设施智能化水平。包括加强基础设施智能化发展规划研究、有序推进基础设施智能化建设等,推动基础设施数字转型、智能升级,促进道路基础设施、载运工具、运输管理和服务、交通管控系统等互联互通。其中的基础设施数字转型和智能升级内容,正好为深度学习提供了发挥空间。

交通运输基础设施的数字转型的最直观特点就是道路状态的全面感知与信息的高效处理。围绕着交通运输道路的智能化基建目标,满足智能汽车关于环境感知和决策系统需求,推进智能交通、智能道路和国家交通控制网等工作已经势在必行。面对新冠肺炎疫情的挑战,多维监测、精准管控的高效服务是十分关键且迫切需要的。针对此,利用分阶段、分区域、分时段的通行策略,配合政务信息发布与车辆运行安全监控等,辅以信息化、智能化和标准化的道路基础设施,能够及时反映动态信息,做出相应合理决策,为道路通行放行工作提供重要帮助。同时,5G通信技术的崛起,给车联网技术带来新的体验,结合5G商用部署,加强车联网与5G的协同作用,能够有效推进智能化道路基础设施的进一步升级。

三是推动自动驾驶技术试点和示范应用。包括支持开展自动驾驶载货运输服务、稳步推动自动驾驶客运出行服务、鼓励自动驾驶新业态发展等,鼓励按照从封闭场景到开放环境、从物流运输到客运出行的路径,深化技术试点示范。主要是针对自动驾驶载货运输服务、客运出行服务和新业态发展提出的。面对大型基础设施建设工地和快递配送场景,利用自动驾驶技术进行生产作业的资源配送,能够极大减少人力物力的耗费,为物流运输提供高效便捷的新渠道。面对封闭式快速公交系统、产业园区等出行场景,利用自动驾驶技术担任城市公交、道路客运的角色,能够提供安全、便捷、舒适的客运出行服务,对通勤出行工作进行智能优化。面对新业态发展,采取有效的激励措施,鼓励商业运营服务向车辆共享、智能泊车等方向发展,能够有效促进MaaS产业的综合发展。

四是健全适应自动驾驶的支撑体系。包括强化安全风险防控、加快营造良好政策环境、持续推进标准规范体系建设等,主动应对由自动驾驶技术应用衍生的安全问题,优化政策和标准供给,支持产业发展。这个方面主要有三方面内容:(1)强化安全风险防控;(2)加快营造良好政策环境;(3)持续推进标准规范体系建设。自动驾驶产品在试运行应用的过程中难免出现某些风险事项,这就要求相关部门开展产品性能评估、法律规范研究和安全登记评定等工作,且对自动驶路侧信息网络系统进行顶级备案与测评，加强复杂交通情况下自动驾驶产品对用户的安全防护。在自动驾驶产品应用于道路时，完善相关道路测试管理规范，鼓励探索载人载物测试和试点示范等工作十分重要。系统的自动驾驶新业态管理办法不仅限于有效地规避一些纠纷，还能通过有序的环境实现交通强国梦。在持续推进标准规范体系建设工作后，自动驾驶和车路协同将不再呈现杂乱无章的状态，关键性、基础性的标准能够有效支撑自动驾驶产业的有序发展，并且考虑企业、联盟等组织的团体标准，构建的标准工作机制会呈现出多元化特点。

事实上，深度学习技术与智慧交通的交叉应用远不止步于自动驾驶方面，还涉及了交通运输过程中的方方面面。本书将列举深度学习技术在智慧交通的一些重要应用，通过对技术原理的剖析带领大家解开智慧交通产品的神奇面纱。

1.2　深度学习概述

溯及深度机器学习的起源和发展，最初是 1943 年沃伦·麦卡洛克和沃尔特·皮茨首先提出的 M-P 模型（即人工生物神经元模型），利用这种组合较少的低层特征来建立一种形成更加抽象的高层人工神经元特征的方法，使用多层感知机结构达到摸索数据分布式特征表示的目的。1969 年 Misky 教授在论文中提出关于感知器技术在异或问题上的局限性[3]，神经网络也迎来了近十载的严峻寒冬。1986 年 Rumelhart 和 McCelland 等人首先提出了 BP（误差逆向传播）算法[4]，针对凸优化问题，提供了对多层次的神经网络结构进行迭代参数更新的方法，并将多层次神经网络的结构定格为输入层、隐含层和输出层三个部件。此后，BP 算法由于其具有神经网络的培养时间短、在参数更新上具有高效率等优势，成为神经网络训练的主要方法。2006 年，Hinton 等人正式定义了"深度学习"，深度置信技术和网络逐渐被广泛认可，并沿用至今。LeCun 等人首先提出了第一个真正的多层次结构机器学习算法——卷积式神经网络（CNN），使用空间的相对关系来达到降低参数从而改善和增强训练性能的目标。同时，RNN 和 LSTM 等模型逐渐发展壮大。

作为基于人类的机器智能学习的另一个技术分支，深度机器学习技术致力于通过一个建立、模拟学习对象和人脑内部信息系统进行直接分析和综合学习的深度神经网络，利用深度仿生学的技术方法通过模仿学习对象和人脑的感知机制而直接进行包括图像、声音和媒体文字等的信息演示和分析解释。任务的不同直接决定了目前国际深度机器学习系统网络分层结构的复杂性和多元化，但必须遵循以下几点为主要基础的网络核心设计思路：如何利用一个无限有监督深度学习网络分层系统进行网络训练，并逐级分层传递训练结果，再利用有监督学习进行调整。时至今日，深度机器学习被广泛地研究并应用于移动计算机深度视觉、语音人脸识别和深度大数据及深度自然语言处理等多个科学技术应用领域，是当前自动驾驶领域的热门方法。从人工神经网络的空窗期到 2012 年深度学习的首次亮相，再到如今的广泛运用，深度学习技术一举成名，开启了人工智能领域的第三次复兴。深度学习是建立在一定深度的网络基础上，对输入的数据进行提取，随着网络深度的变化，提取的信息也不同，分别提取点边、纹理和高级特征进行学习，基于特征学习得出相应的预测结果，其简要数据处理流程如图 1-1 所示。

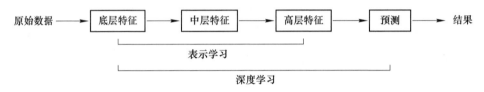

图 1-1 深度学习数据处理流程

值得一提的是，特征提取到的层次越高，其表征能力越强，得出的预测结果往往越准确，因此，深度学习层一度向层次变深的方向发展，何凯明的 ResNet 更是达到 152 层之多，成功达到超越人类分类准确率的高度。同时，由于不同研究对象的需要，深度学习算法也向多元化方向发展。继 AlphaGo 战胜李世石后，深度学习被广泛应用于多个领域，涵盖图像生成、游戏对战、图像分类、自然语言和摄像机标定等多种内容，并逐渐走向成熟，如康庄、陈智超等人基于深度学习就垃圾分类问题进行了深入研究，为垃圾分类问题提供了一定的理论依据[5~7]。

图像分类是深度学习应用成熟的领域之一。在 ILSVRC 大赛上，图像分类技术从 AlexNet 发展到 SENet，在 TOP-5 上实现了精度的大幅度提升，彰显了深度学习从初显身手到大展拳脚的全过程。在深度学习中，基于卷积神经网络的模型算法有很多，如 LeNet-5、AlexNet、VGGNet、GoogLeNet 和 ResNet 等网络模型。现在这些模型也被广泛地应用在目标检测、图像分割等研究邻域，同时出现了多种基于这些基本模型框架的改进型网络，且都表现出了优秀的效果。

（1）LeNet-5。LeNet-5 在 20 世纪 90 年代被提出，当时在手写字符的识别上取得了很好的效果，被广泛应用在各种分类问题上。LeNet-5 总共可以设计为 7 层网络结构，其中每层网络数据架构图如图 1-2 所示，输入的网络数据经过卷积处理层、池化处理层和完整的数据连接层，最后再次进行输出。LeNet-5 模型为深度学习的发展提供了基础理论支撑，现在的优秀模型，结构也大多比较复杂，但是都是源于 LeNet-5 模型，也都是卷积、池化和全连接的不同组合方式。

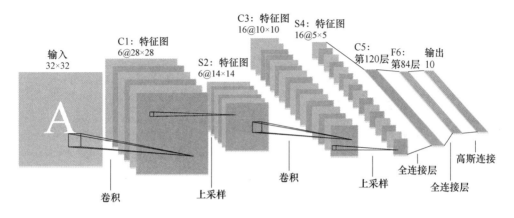

图 1-2 LeNet-5 网络结构

（2）AlexNet。AlexNet 是 ILSVRC2012 挑战赛中的冠军模型，其分类准确率远超其他算法，引发了深度学习的热潮。直至现在，虽然出现了很多更高效、更准确的卷积网络，但其很多思想和方法都沿用当时提出的技术。AlexNet 模型采用双 GPU 运行的方式，解决了模型训练参数大、时间长的问题，同时采用数据扩充和 Dropout 等方法提高模型泛化能力，其结构如图 1-3 所示。AlexNet 整体的网络被划分为上下两个大部分，每个小部分一般都具有 5 个卷积层和 3 个完整的连接层 8 层结构，最后输出通过 Softmax 层进行分类。

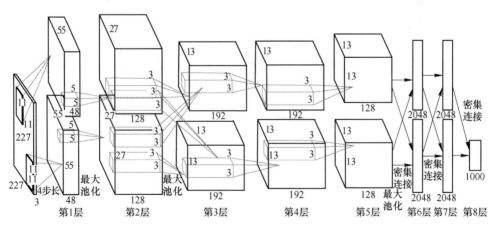

图 1-3 AlexNet 网络结构

（3）VGGNet。VGGNet 是 AlexNet 的一个加深版，由牛津大学的计算机视觉团队和谷歌旗下的技术研究团队共同进行开发和设计提出，是 2014 年 ImageNet 的亚军。VGGNet 的结构如图 1-4 所示，只有卷积层和全连接层两部分，层间采用最大池化连接，激活函数为 ReLU，简洁易懂。VGGNet 主张使用小卷积核和多卷积替代较大的卷积层，该做法有利于减少参数数量、增强非线性，并且能够在一定程度上提高网络的特征表达能力。

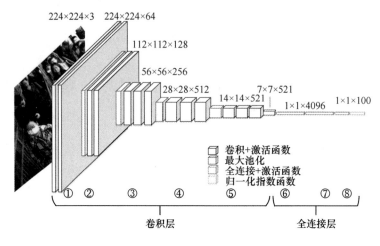

图 1-4　VGGNet 网络结构

（4）Inception。非线性特征对于卷积神经网络非常重要，在深层卷积神经网络中，若卷积核的大小设置为同一种尺寸，则不利于特征的提取。Inception 网络能够很好地解决这一问题，其采用不同大小的卷积核模块进行设计网络，这样的卷积层就称为 Inception 模块，并且取得了优秀的效果。图 1-5 所示是 Inception v1 版本结构图，该网络采取四组卷积核大小不一的并行通道提取数据特征。采用 Inception 结构可以在增加网络深度和宽度的同时减少模型的参数量，因此，该网络结构可以达到很好的识别精度，在图像识别任务中取得优异的分类成绩。

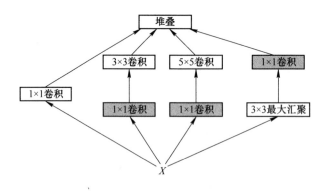

图 1-5　Inception v1 版本结构

Inception v1 虽然很好地解决了卷积核尺寸设置的大小问题，但还是存在一定的缺陷和不足，例如在 Inception 模块中，存在较大尺寸的卷积核，这样就增加了对于模型计算的参数量。为了有效解决这一问题，基于改进 Inception v1 的 Inception v3 网络由此而生，将大尺寸的卷积核取代为一个多层次的小型卷积核，在保证网络视野阈不变的情况下最大化减少模型计算的参数。

（5） ResNet。通常的情况下，卷积式神经网络随着机器深度的扩大而增加，会给机器带来诸如梯度的消失及梯度的爆炸等技术上的问题。在机器学习和深度学习的应用领域中，深层的卷积网络能够提取更深层次的信息，网络模型越深意味着模型拟合能力越强，出现过拟合的问题是正常的，但是训练的误差越来越大是不正常的。一般情况下，随着网络层的数量增加，会直接导致训练的梯度在反向传播中变得越来越小，直到训练的梯度逐渐消失，训练之间的误差也就变得越来越多。残差网络（ResNet）的提出，很好地解决了这些问题，并在 ILSVRC2015 中取得了冠军。

在一个神经网络中，一个非线性的图层单元中（一个或多个卷积的图层）$f(x, \theta)$ 被广泛用于表示神经逼近的一个目标向量函数 $h(x)$。目标向量函数可以从数学理论上拆解为两个组成部分：恒等目标函数 x 和一个残差函数 $h(x) - x$，即：

$$h(x) = x + (h(x) - x) \tag{1-1}$$

残差目标单元的基本结构如图 1-6 所示，一个由人工神经网络中的组合单元构成的非线性目标单元由于具备了足够的数学知觉和计算能力可以去对其进行近似计算，比如逼近原始残差目标单元函数或逼近残差目标函数，但是实践中后者较为容易被人们所理解学习。所以，问题就可能会被转化成：非线性的函数单元近似其残差的函数 $f(x, \theta)$，因此 $h(x)$ 的表达式如下：

$$h(x) = x + f(x, \theta) \tag{1-2}$$

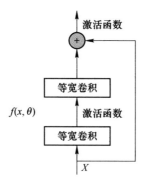

图 1-6　残差单元结构

深度学习在训练过程中必将伴随着参数量大、计算复杂的特点，手工代码实现方式十分低效；由于计算机硬件资源的局限性，CPU 与 GPU 的切换过程烦琐，开发难度大。针对此，深度机器学习应用框架的研究发展与推广应用于近年来也已经得到了迅速的推进，研制和推出了许多友好的基于 AI 和深度机器学习的应用框架，如 Tensorflow、Keras、Caffe 和 Pytorch 等。这些工具使得深度学习的计算过程变得迅捷，极大便利了深层神经网络的进一步发展。

1.3　交通领域中深度学习技术的应用

　　人们出行的需求带动了交通运输行业的竞争，也催生了新一代智能产品。Yuan 等人[8]对当前将深度学习应用到智能交通系统的学术研究做了详细的调研，将相关内容归结为视觉识别任务、交通流预测（TFP）、交通速度预测（TSP）、行程时间预测（TTP）和其他任务这五种类别，概括了智慧交通系统的基本任务。时至今日，物联网和人工智能技术的革新与拓展不断扩大范围，不知不觉已经渗透到城乡交通的方方面面，针对基础任务的实现方法屡创佳绩，逐渐向智能化迈进。

　　随着深度学习技术的不断发展，如 1.2 节所述，它已经被应用到各个领域，也是当前火热的自动驾驶技术的一部分，极受当代交通行业技术竞争者的青睐。在交通流预测任务中，图卷积网络[9]、长短时记忆网络[10]、混合深度学习[11]和目标检测[12]等深度学习技术都能够达到很好的效果，并将维持热度继续发挥作用。在视频监测任务中，三维卷积神经网络[13]、单目标检测网络[14]和语义分割技术[15]发挥了重要作用。在交通标志识别任务中，数据集仍处于匮缺状态，但随着目标检测与目标跟踪技术的成熟，对现有的数据集的识别精度大多能够达到80%以上，检测速度也逐渐提升，目前的研究都具有较好检测效果[16]。针对交通枢纽行人检测，康庄、何文玉等人通过改进深度学习算法，实现了对行人的准确检测[17,18]。可以说，在现在的深度学习技术的加持下，交通领域的各种基础任务基本能够较为高效地完成，且融合程度越来越深入，融合效果越来越可喜。

　　近年来，交通拥堵、事故多发等诸多突出问题逐渐凸显，仅靠企业增加对基础设施建筑物的搭建和使用及更多传统的城市交通管理手段，已经远远无法满足其需求，通过 AI、物联网、大数据等各种新一代信息技术带动的现代化智能城市交通服务和解决方案被普遍寄予厚望。以阿里云、百度、滴滴等为主要代表的高科技型公司与地方政府共同合作，构建城市交通系统大脑，在对交通信号灯的调控、汽车流量的调节、峰值报警等技术的应用中已经初显成效。

　　目前，我国的交通系统建设主要是通过对交通点的信息采集、后台数据处理和路况信息发布等方式实现，例如路口的红绿灯系统、实时的路况提示系统、道路指示标志指引系统、情报板系统等。近年来，各地各级交通部门先后在多个领域和方向探索了我国的智慧交通系统应用方法，并进一步拓展了我国智慧交通的各种属性，如通过先进的科学和技术手段突破了交通的信息不对称，使得出行的资源更有效地完成了供需双方的整合；开发研制生产出了一套自动化的共享单车、网约汽车、分时租赁、充电桩等交通运输的资源共享体系，优化了我国城市道路交通的资源配置；从一开始的单点检测直至沿线路检测再发展为区域性检测，不断拓宽检测面积，特别是在桥梁、隧道、浓雾、风吹雨雪等严重危险的地区，扩宽了监控面积，同时在各个道路的交叉口上建立了电子警察、高清卡口、牌照抓拍、信号灯等针对来往的车辆实施引导，如何文玉等人[19]基于深度学习对轨道异物入侵进行了相关研究，增加了轨道交通的安全保障；除了新一代设备系统的广泛应用，还不断创新生产工艺，提升系统性能，提高新一代设备的使用效率。

据初步统计，2018年我国交通管控系统工程项目实现总投资规模约166.2亿元，其中道路交通管控系统工程项目实现总投资规模约5.3亿元，预计2022年我国交通管控系统工程项目实现总投资规模将首次成功突破240亿元，道路交通管控系统工程项目实现总投资规模将首次成功突破32亿元。目前由于我国国内运输工业大脑产品供给者和电脑销售客户多数都是通过采用与国际合作伙伴直接进行捆绑的销售方式等多种形式直接进入竞争性电脑产品的项目，利润率大约占到了目前我国整体运输工业电脑产品和工程项目的20%左右，在整个电脑产业链的国际影响力和电脑市场话语权并不高，但以北、上、广、深四个重点地区的中心城市及部分作为主体区域代表的全国一线大中城市和部分一、二线重点地区的中心城市已经由城市基础设施建设的第一初级阶段逐步转变到电脑应用的第二初级阶段，对于电脑软件的应用要求逐步上升，这一利好未来几年还一定会不断继续予以推动并努力促进我国实现交通大脑移动计算机技术项目的成功应用。

传统的交通行业正处在变革和创新的窗口期中，智慧交通方案将重塑这个行业，而在过去积累了技术基础的百度、腾讯、华为、阿里巴巴纷纷入局，各显神通。百度从自动无人驾驶的角度出发，为其用户提供了对城市交通的赋能；腾讯公司一直专注于资源的整合，致力于提供产品和服务的全新生态化建设；华为实现了垂直式的布局，打造一个全新的智慧城市；阿里则是依托阿里云平台，落地在具体的互联网和交通环境中。随着国内多个公司推出的智慧交通解决方案的实施和应用到位，传统的交通服务业也必将在这个时期迎来一个巨大的转型契机。

纵观目前智慧交通发展的情况，未来的发展趋势将往以下四个方面倾斜：

（1）综合交通智慧化协同与服务。近年来，虽然我国的各种交通运输模式都获得了快速的发展，但多种交通运输模式间的信息互动和服务落地较晚，制约了整体性的综合运输协同和高效的服务。未来伴随着城市综合交通建设的进一步发展及对便捷化出行的需求，信息资源共享及其智慧化服务技术必将在城市中得到全新的发展和推广。未来，基础配套设施与运输装备系统融合、多种配送运输设备系统集成与设计、经营调整与服务系统融合等多项工程将逐渐完成，充分实现综合性货物运输模式间的信息资源共享，不断地提升智慧化的信息服务水平。

（2）智慧交通管理各系统信息集成与共享。中国智慧交通监测与管理系统建设工作主体比较多，包括公安行政管理、交通行政管理、城市建设等多个职能部门。目前，各个单位之间由于缺少有效及时的人力物力交流，导致了各个单位机构的设定过于冗余、信息的重叠或者脱节、系统之间的彼此独立等一系列人力物力和资源分散。通过实现信息共享来打破交通资源的孤岛僵局，同时也可以通过对跨管辖地区、跨运输模式的信息部署与管理来实现信息资源的无缝整合，这也是推动智慧交通运输与管理服务系统应用发展的一种必然趋势。

（3）交通运输系统安全运行智慧化保障。交通安全问题是当前我国交通运输领域长期存在的严峻挑战，交通运输系统的安全与运行智慧化维护将被认为是未来我国智慧交通建设与发展的一个重要目标。交通安全工作涉及了交通运输系统的许多要素，仅仅从单一的因素来看并不能真正从根本上提高交通安全的水平，未来对交通运输系统安全运行的智慧化维护和保障将着力于如何运用现代信息技术来识别和分析交通安全事故的原因、演化规律、管控战略及如何设计主动安全技术和管理手段，从"人–车–路"相互协调的视野来实现交通安全操作与运行预警防控工作相整合。

（4）智慧交通系统技术体系和标准化体系的完善。目前我国现有的智慧交通运营管理体系框架及其标准化制度是 20 世纪末在学习和借鉴了国际各地智慧交通运营管理体系建设的经验，并结合自己的实际和国情而研究制定的。该体系的框架与标准体系在推进我国智慧交通运输系统建设方面起到了重要的积极推动作用，主要内容与技术发展趋势相吻合，并且也符合我国应用行业的实际。与此同时，我国在加快推进现代化的智慧交通网络体系建设与发展的过程中，立足于实际和国情创新开发了许多关于现代化的智慧交通网络的新应用和科学技术，成效日益凸显。总结自身的研究发展成果，立足于实际和国情，追踪当前的国际各种新一代技术的应用与发展动态，适时地改进和完善自己在世界范围内的智慧轨道交通网络系统理念和框架，被认为是未来几年推进我国在智慧交通网络系统方面的重点。

2 基于 RetinaNet 的车牌识别系统

2.1 概述

2.1.1 车牌识别的意义

近年来，随着经济的发展和生活水平的提高，汽车的数量越来越多，由此带来了交通拥堵、环境污染、交通事故等一系列问题。因此，传统的人工指挥和管理方式已经不能满足当前的交通系统，智能高效的交通管理系统成为社会需求。车牌识别系统（license plate recognition system，LPRS）是交通道路信息化管理的重要工具，广泛应用于交通管理领域中[20]。车牌识别通常应用于高速公路收费，加快车辆通行速度，减少拥堵；协助交警规范化管理交通，便于记录和抓捕违章车辆，保障交通安全；停车场出入管理，实现车辆的自动管理，降低人力成本，提升管理效率。

传统的车牌识别方案速度慢、受环境影响大、精度低。随着深度学习的快速发展，深度学习在图像识别领域已经取得了显著成就。基于深度学习的车牌识别算法具有识别精度高、速度快的特点。目前，在各个交通场景下，基于深度学习的车牌识别产品已成为主流。

车牌识别会受到车牌倾斜、运动模糊、雨雪天气和光照等因素影响，采用传统方案在识别速度和识别准确度上都难以达到较好的效果。基于上述问题，本书基于深度学习技术进行车牌识别系统的相关研究，设计了一套车牌识别系统。

2.1.2 研究现状分析

车牌识别一般包括车牌定位检测和车牌字符识别两个步骤[21]。针对车牌定位任务，车牌定位方法有基于颜色特征的车牌定位[22,23]，该方法是利用车辆底色与周围环境的差异，过滤掉其他颜色的背景图像，从而缩小车牌的搜索范围；基于数学形态学的方法[24,25]，通常是利用不同大小的矩阵与车辆图像做腐蚀、膨胀运算，以去除大量的无关区域，获得目标区域。传统的字符识别方法通常是基于模板匹配[26,27]、字符特征统计[28]或支持向量机[29]等方式。上述传统方法虽然实现了车牌定位与识别，但实现过于复杂，受环境影响大，且需要大量的经验参数，在实际场景中的应用效果并不乐观。随着深度学习的火热发展，大量学者基于深度学习研究车牌识别系统。余烨等人[30]提出一种自然场景下的变形车牌检测模型 DLPD-Net，在数据集 AOLP 上取得了 96.6%的准确率。饶文军等人[31]基于 YOLO v3 和双向递归神经网络和时序分类网络实现车牌自动识别，识别精度达 96.1%，耗时约为 33ms。祁忠琪等人[32]利用 SSD 算法检测定位车牌的堆叠字符，之后将堆叠字符送入字符识别网络，实现车牌字符的端到端识别。史建伟等人[33]基于 YOLO v3 和 BGRU 网络实现车牌自动识别，极大地改善了车牌的识别准确率和速度。

可见，针对深度学习的车牌识别研究现处于成熟阶段，表现出的效果均优于传统的识别方案。本书在前人的研究基础上，进一步探索设计一种基于深度学习的车牌识别系统。

2.2 RetinaNet

基于深度学习的目标检测算法可分为 one-stage 和 two-stage 两类，one-stage 算法指的是直接回归物体的类别概率和位置坐标值，其速度快，但精度低于 two-stage。Two-stage 是先由算法生成一系列作为样本的候选框，再通过卷积神经网络进行样本分类，其精度高，但速度慢。Lin 等人[34]通过提出新的损失函数 Focal loss 来解决样本类别不平衡的问题，并设计新的 one-stage 检测网络 RetinaNet。RetinaNet 不仅可以达到 one-stage 的检测速度，也能超过现有的 two-stage 检测网络准确率。RetinaNet 是一种优秀的 one-stage 检测网络，至今仍在目标检测领域应用广泛，许多优秀的模型都是基于该方式进行改进，达到了很好的效果。

2.2.1 RetinaNet 的特征提取网络

RetinaNet 的特征提取网络如图 2-1 所示，由一个主干网络（backbone）、特征金字塔网络（fpn）和两个子任务网络（class+box subnets）组成。主干网络使用卷积神经网络，从整张图像中提取图像特征，生成特征图。特征金字塔给特征提取网络增加一个自顶向下的路径和侧向连接，从而构建出丰富的多尺度特征，实现多尺度预测。第一个子任务网络使用卷积进行分类，第二个子任务则用卷积进行边框的回归预测。两个子任务网络是用 one-stage 来实现密集检测的简单结构，并且子网络使用高层网络结构，和具体的超参数值相比要更为重要。

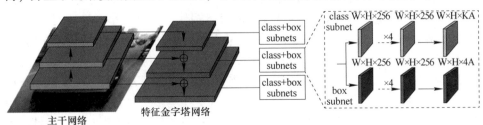

图 2-1 RetinaNet 特征提取网络

2.2.1.1 主干网络

主干网络选取 ResNet-50。ResNet 是一种带有捷径连接的网络结构，该网络的提出主要解决了深层网络难以训练的问题，使得网络可以往更深处构建。残差网络是由基本的残差单元构成的，如图 2-2 所示。图 2-2（a）的残差结构 1 适用于较深的残差网络，例如 ResNet-50、ResNet-101、ResNet-152 等。结构 1 中先使用 1×1 的卷积进行特征降维，再使用 1×1 的卷积进行特征升维，这样做的好处是降低模型参数量，防止模型陷入过拟合。图 2-2（b）的残差结构 2 适用于浅层的残差网络，例如 ResNet-18、ResNet-34。结构 2 直接使用 3×3 卷积进行特征提取，在浅层网络中可达到较好的效果。

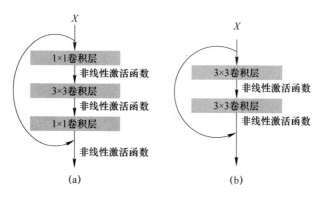

图 2-2 两种经典的残差单元结构
（a）残差结构 1；（b）残差结构 2

ResNet 是一种带有短接连接的网络结构，该网络的提出解决了较深网络无法训练的问题，是目前主流的网络结构。模型的主要技术特性如下：

（1）残差结构采用的是恒等映射思想。一个非线性单元中（一个或多个卷积层）用于逼近目标函数 $h(x)$。目标函数可以拆分为两部分：恒等函数 x 和残差函数 $h(x) - x$，即：

$$h(x) = x + [h(x) - x] \tag{2-1}$$

由神经网络构成的非线性单元有足够的能力来近似逼近原始目标函数或残差函数，但实际中后者更容易学习。所以，问题转化为：非线性单元 $f(x)$ 近似残差函数，因此目标函数 $h(x)$ 的表达式改为：

$$h(x) = x + f(x) \tag{2-2}$$

（2）残差模块先用 1×1 卷积降低特征维数，然后用 1×1 卷积还原特征维数，从而降低网络参数量，达到实用目的。

（3）在残差结构中，特征图尺寸减少一半，则滤波器数翻倍，以保持每层网络的时间复杂度。

（4）损失函数为交叉熵函数，具体如下：

$$H(p, q) = -\sum_{i=1}^{n} p(x_i) \ln(q(x_i))\qquad(2-3)$$

式中　p——真实结果的概率分布；

　　　q——模型的预测结果。

ResNet-50 主要使用多个残差模块进行拼接，使得网络层数即使很深也可以训练。该网络共 50 层，含 16 个残差模块，网络结构如图 2-3 所示。

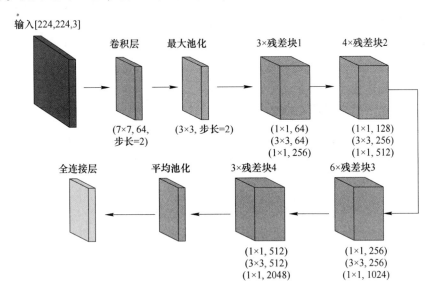

图 2-3　ResNet-50 网络结构

2.2.1.2　FPN 结构

早期的 one-stage 目标检测网络通常都是直接利用 backbone 网络的中间特征层，直接外接检测头来实现目标检测。这导致检测头得到的特征图尺度单一，不利于进行目标检测。因此，为利用不同尺度的特征图，研究人员提出特征金字塔网络（feature parymid network），用于表征不同尺度的物体，然后再基于特征金字塔做物体检测。

FPN 是一种特征金字塔结构，可以实现速度和准确率之间的均衡。在深度卷积网络中，浅层的网络层提取到的特征更关注于细节信息，深层的网络则更关注于语义信息。FPN 将深层的特征通过上采样与浅层特征进行融合，使得不同的检测层可以获得不同尺度的特征信息，根据检测层获取的特征情况，分别用于检测简单、较复杂和复杂的目标。

2.2.1.3 子模块

Class subnet（类别预测网络）采用了 4 次 256 通道的卷积和 1 次 $K×A$ 的卷积，K 指的是该层特征层所拥有的锚点框数量，A 代表分类的类别数。Box subnet（方框预测网络）采用了 4 次 256 通道的卷积和 1 次 $K×4$ 的卷积，其中 4 是锚点框的调整参数。需要注意的是，每个特征层共用一个 class subnet 和 box subnet。

2.2.2 锚点设置

RetinaNet 的 Anchor 设置见表 2-1，每一种类型的锚点框对应着 3 种比例和 3 种横纵比，因此每个中心点将会生成对应 9 个锚点框，覆盖了输入图像 32～813 像素区间。

表 2-1 RetinaNet 锚点框设置

特征图	锚点框尺寸	横纵比
P3（80×80）	32× $\{2^0, 2^{1/3}, 2^{2/3}\}$	$\{1:2, 1:1, 2:1\}$
P4（40×40）	64× $\{2^0, 2^{1/3}, 2^{2/3}\}$	$\{1:2, 1:1, 2:1\}$
P5（20×20）	128× $\{2^0, 2^{1/3}, 2^{2/3}\}$	$\{1:2, 1:1, 2:1\}$
P6（10×10）	256× $\{2^0, 2^{1/3}, 2^{2/3}\}$	$\{1:2, 1:1, 2:1\}$
P7（5×5）	512× $\{2^0, 2^{1/3}, 2^{2/3}\}$	$\{1:2, 1:1, 2:1\}$

2.2.3 Focal loss 损失函数

针对正负样本不平衡的问题，RetinaNet 设计了 Focal loss 损失函数，使得 one-stage 在保持了检测速度的同时，实现精度的提升，值得注意的是只在分类损失中使用 Focal loss，回归损失仍然使用 CE loss。Focal loss 损失函数如下：

$$p_t = \begin{cases} p & 如果\ y = 1, \\ 1 - p & 其他 \end{cases} \qquad (2-4)$$

$$\mathrm{FL}(p_t) = -\alpha_t(1 - p_t)^\gamma \ln(p_t) \qquad (2-5)$$

式中 p_t——预测为正类的置信度；

α_t——权重因子，取 0～1；

γ——一个可以调整的超参数，通常取 0.5～5 的范围区间。

置信度很高的负样本占总样本的大部分，通过 Focal loss 损失函数，可以将这部分损失去除或者减弱，使得模型效率更高，从而使得模型能够更好地利用正样本。

2.3 基于卷积神经网络的字符识别

由于车牌字符通常由 7 位车牌字符码组成，因此可将车牌的字符识别归类为字符分类问题。卷积模型在分类任务中有着优异的表现，早在 20 世纪 90 年代，卷积神经网络就被应用于银行的支票手写字符识别。目前，卷积神经网络在图像分类中的效果更是超越人眼水平。因此，本书使用卷积神经网络构建模型，实现车牌的字符分类识别。

2.3.1 字符分类识别框架

在传统的车牌识别中，往往需要先将得到的车牌图片进行图片分割，将 7 位车牌码分割成独立的车牌码图片，再利用机器学习中的 SVM、ANN 等分类算法进行单独分类，但整个图片分割的过程比较复杂。而随着近几年深度学习的飞速发展，基于深度学习的分类算法在识别精度已远远高于传统机器学习的分类算法，利用已有的深度学习框架就可以轻松快速地对神经网络进行搭建，本书正是利用深度学习中的图像识别技术，搭建卷积神经网络直接对车牌图片实现端到端辨认识别。整体框架如图 2-4 所示。

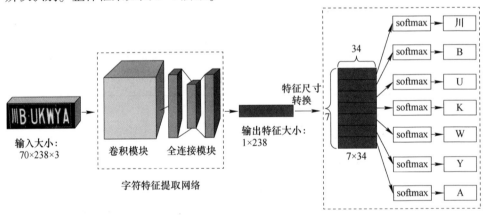

图 2-4 字符分类识别框架

softmax—归一化指数函数

整个框架主要由字符特征提取网络和字符分类器组成，字符特征提取网络总计 7 层，包含 4 层卷积层构成的卷积模块和 3 层全连接层构成的全连接模块，利用该网络进行车牌图片的特征提取。最后输出的特征向量再送入字符分类器中分类，字符分类器首先将特征向量大小调整为 7×34，意为将输出分成 7 大类和 34 小类，其中 7 大类分别对应车牌的 7 位车牌码，34 小类对应车牌码的字符编码。最后根据提取到的字符特征，使用 7 个 softmax 分类器进行字符分类，实现车牌字符识别的端到端实现。

2.3.2 字符特征提取网络

字符特征的提取网络通过卷积层和全连接层对输入的车牌图片进行特征提取，网络结构如图 2-5 所示。神经网络对输入图片的尺寸大小有严格的要求，网络设定需将输入的图片调整大小为 70×238×3，故需先将输入的车牌图片进行一定的预处理，将图片大小调整为 70×238×3，然后送入网络进行特征提取。

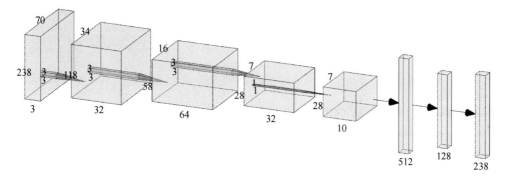

图 2-5　字符特征提取网络

输入的图片首先通过卷积模块进行特征提取，整个卷积模块由 4 个卷积—激活函数—池化结构组成，其中激活函数使用 Leaky ReLU，池化根据情况使用平均池化或最大池化。为了使最后网络的输出便于分类，还需通过全连接模块对特征进行大小调整，将输出调整为 238（7×34）。全连接模块使用 MLP 结构，即含有 3 层全连接层：输入层、隐藏层和输出层，输入层和隐藏层使用 Leaky ReLU 作为激活函数，输出层不使用激活函数，并利用 dropout 在训练时进行随机删除神经元。最终，通过字符特征提取网络得到了一个 238 维的特征向量。

2.4　数据集

本书选用的车牌数据集为 CCPD[35]，该数据集是目前国内最大的开源车牌数据集，数据丰富，样本量大，适用于车牌的定位检测与字符识别任务中。该数据集采集于合肥市停车场，采集时间为上午 7：30 至晚上 10：00，停车场采集器利用安卓 POS 机对停车场内的车辆进行拍照，并人工标记车牌位置。拍摄的车牌照片涉及多种复杂环境，包括模糊、倾斜、阴雨天、雪天等，一共包含了 25 万多张车牌数据集。

CCPD 数据集的图像文件名解释如下：例如样本图像名称为"025-95_113-154&383_386&473-386&473_177&454_154&383_363&402-0_0_22_27_27_33_16-37-15.jpg"，每个名称可以分为 7 个字段，这些字段解释如下：面积：牌照面积与整个图片区域的面积比；倾斜度：水平倾斜程度和垂直倾斜度；边界框坐标：左上和右下顶点的坐标；四个顶点位置：整个图像中 LP 的四个顶点的精确 (x, y) 坐标，这些坐标从右下角→左下角→左上角→右上角；车牌号：CCPD 中的每个图像只有一个车牌。每个车牌号码由一个汉字，一个字母和五个字母或数字组成。有效的中文车牌由七个字符组成：省，字母（1 个字符），字母+数字（5 个字符）。0_0_22_27_27_33_16 是每个字符的索引。

由于 CCPD 默认的数据集格式和目前主流的数据集格式差距较大，直接使用需要在数据处理中花费大量精力。本书将数据集转换为 VOC 格式，转换的方式是通过图像文件名生成对应 xml 文件，核心的处理代码如下：

```
import os
import re
import cv2
root_path＝r'D：\ CHEPAI \ CCPD2019_1/'
file_name＝os. listdir（root_path）
class_name＝'plate'
xml_dir＝r'D：\ CHEPAI \ Annotations/'  #保存 xml 的目录
a＝0
for i in file_name：
    if os. path. exists（（xml_dir+i））：
        print（'已经存在文件%s'%（xml_dir+i））
    else：os. mkdir（（xml_dir+i））
    file_name1＝os. listdir（os. path. join（root_path，i））
    for ii in file_name1：
        if os. path. exists（xml_dir+i+'/'+ii. split（'.'）[0] +'. xml'）：
            continue
        #print（root_path+i+'/'+ii）
        img＝cv2. imread（（root_path+i+'/'+ii））
        print（（root_path+i+'/'+ii））
        if img is None：
            print（'文件%s 读取失败'%ii)
            continue
        height＝img. shape [0]
        width＝img. shape [1]
        depth＝img. shape [2]
        point＝ii. split（'.'）[0] . split（'-'）[3]
        #Xmin＝point. split（'_'）[2] . split（'&'）[0]
        num＝re. findall（'\ d+\ d*'，point）   # 正则表达式从字符串中提取数值
        Xmin＝min（num [0:: 2]）  #  list [start: stop: step]
        Ymin＝min（num [1:: 2]）
```

```python
            Xmax=max（num［0：：2］）
            Ymax=max（num［1：：2］）
            #print（ii.split（'&'））
            fname=ii.split（'&'）［0］+'&amp;'+ii.split（'&'）［1］+'&amp;'+ii.split（'&'）
［2］+'&amp;'+ii.split（'&'）［3］+'&amp;'+ii.split（'&'）［4］+'&amp;'+ii.split（'&'）
［5］+'&amp;'+ii.split（'&'）［1］+'&amp;'+ii.split（'&'）［6］
        xml_str="  <annotation>\n\t\
            <folder>"+i+"</folder>\n\t\
            <filename>"+fname+"</filename>\n\t\
            "+"<path>"+root_path+i+'/'+fname+"</path>\n\t\
            <source>\n\t\t\
            <database>Unknown</database>\n\t\
            </source>\n\t\
            <size>\n\t\t\
            <width>"+str（width）+"</width>\n\t\t\
            <height>"+str（height）+"</height>\n\t\t\
            <depth>"+str（depth）+"</depth>\n\t\
            </size>\n\t\
            <segmented>0</segmented>"
        obj_str="  \n\t\
                <object>\n\t\t\
                <name>"+class_name+"</name>\n\t\t\
                <pose>Unspecified</pose>\n\t\t\
                <truncated>0</truncated>\n\t\t\
                <difficult>0</difficult>\n\t\t\
                <bndbox>\n\t\t\t\
                <xmin>"+str（Xmin）+"</xmin>\n\t\t\t\
                <ymin>"+str（Ymin）+"</ymin>\n\t\t\t\
                <xmax>"+str（Xmax）+"</xmax>\n\t\t\t\
                <ymax>"+str（Ymax）+"</ymax>\n\t\t\t\
                </bndbox>\n\t\
                </object>"
        xml_str+="  \n</annotation>\n"
        with open（xml_dir+i+'/'+ii.split（'.'）［0］+'.xml','w'）as f：
            f.write（xml_str）
            a+=1
            print（'成功读写文件夹%s第%d'%（i,a））
            f.close（）
print（'end'）
```

生成后直接利用 VOC 的标准转换代码生成训练配置文件即可，生成后的配置文件如图 2-6 所示，其中 Annotaions 存放 xml 格式的标签文件，JPEGImages 存放原始图像，ImageSets 存放训练、验证和测试的数据集配置信息。

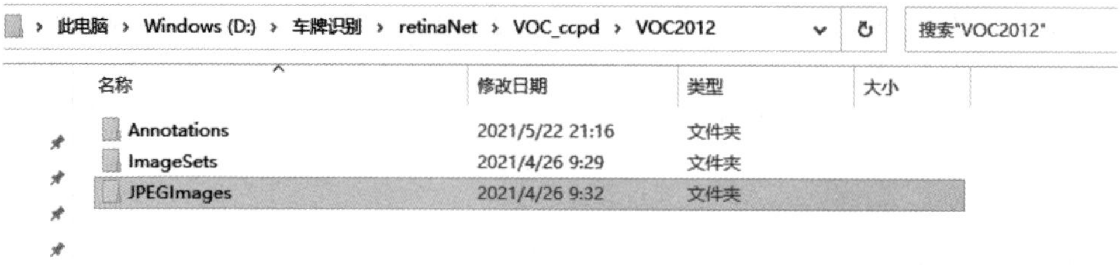

图 2-6　VOC 数据集格式

2.5　车牌识别实战

2.5.1　实验环境配置

本书的车牌识别算法基于 PyTorch 进行开发，将本地计算机环境安装 PyTorch 最新的版本。PyTorch 支持多种常见的操作系统，例如 Windows、Ubuntu、Mac OS 等，同时也支持英伟达显卡的 GPU 加速。本节以常用的 Windows 10 系统，NVIDIA GPU，Python 环境为例，介绍如何快速安装 PyTorch 框架。

一般来说，框架的安装可分为以下几个步骤：安装 Python 解释器，安装 CUDA 驱动，安装 PyTorch 框架，安装常用的代码编辑器。

2.5.1.1　Anaconda 的安装与使用

Python 解释器是让 Python 编写的代码能够被 CPU 执行的桥梁，是 Python 语言的核心。Python 的安装方式与普通软件一样，打开 exe 即可执行编写好的 .py 文件。

Anaconda 是一个开源的 Python 发行版本，包含了大量的科学库及其依赖项，同时也有大量的拓展功能，例如命令行、虚拟环境创建和包管理等，便于开发者快速上手。Anaconda 安装包下载完成后，打开直接进入安装，到达安装路径界面如图 2-7 所示，用户根据个人情况选择合适的路径。其次，进入到下个界面如图 2-8 所示，需勾选将 Anaconda 路径加入系统变量中。

安装完成后，在电脑中输入 window+R 键，再输入 cmd 指令打开命令行，在命令行中输入 conda list 命令，如果显示图 2-9 界面，出现了 conda 的配置信息，表明 Anaconda 安装成功。

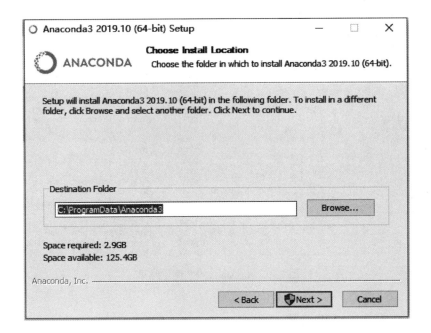

图 2-7　Anaconda 路径选择

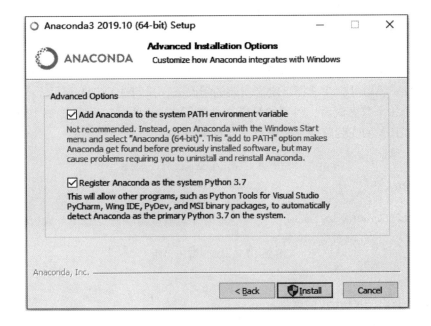

图 2-8　Anaconda 添加环境变量

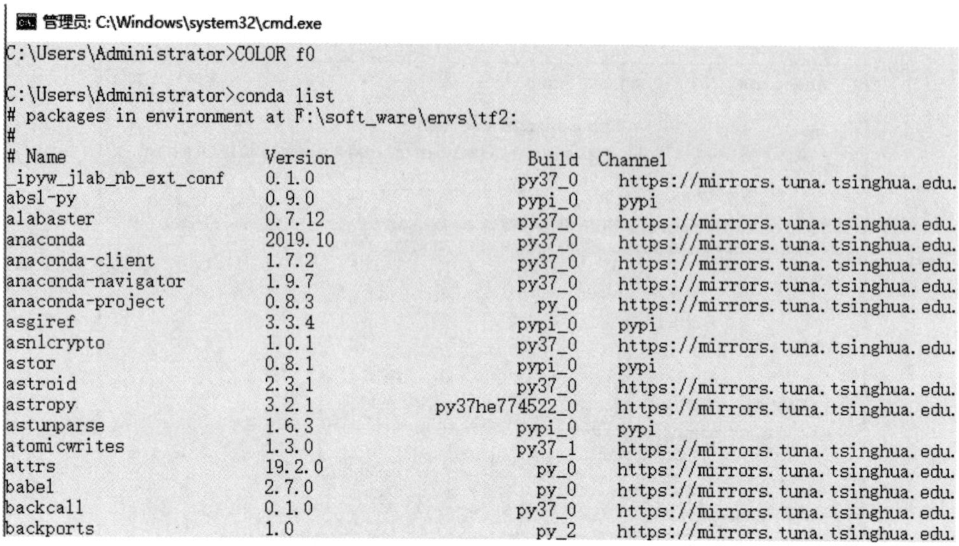

```
管理员: C:\Windows\system32\cmd.exe
C:\Users\Administrator>COLOR f0

C:\Users\Administrator>conda list
# packages in environment at F:\soft_ware\envs\tf2:
#
# Name                    Version                   Build  Channel
_ipyw_jlab_nb_ext_conf    0.1.0                     py37_0  https://mirrors.tuna.tsinghua.edu.
absl-py                   0.9.0                     pypi_0  pypi
alabaster                 0.7.12                    py37_0  https://mirrors.tuna.tsinghua.edu.
anaconda                  2019.10                   py37_0  https://mirrors.tuna.tsinghua.edu.
anaconda-client           1.7.2                     py37_0  https://mirrors.tuna.tsinghua.edu.
anaconda-navigator        1.9.7                     py37_0  https://mirrors.tuna.tsinghua.edu.
anaconda-project          0.8.3                      py_0  https://mirrors.tuna.tsinghua.edu.
asgiref                   3.3.4                     pypi_0  pypi
asn1crypto                1.0.1                     py37_0  https://mirrors.tuna.tsinghua.edu.
astor                     0.8.1                     pypi_0  pypi
astroid                   2.3.1                     py37_0  https://mirrors.tuna.tsinghua.edu.
astropy                   3.2.1              py37he774522_0  https://mirrors.tuna.tsinghua.edu.
astunparse                1.6.3                     pypi_0  pypi
atomicwrites              1.3.0                     py37_1  https://mirrors.tuna.tsinghua.edu.
attrs                     19.2.0                     py_0  https://mirrors.tuna.tsinghua.edu.
babel                     2.7.0                      py_0  https://mirrors.tuna.tsinghua.edu.
backcall                  0.1.0                     py37_0  https://mirrors.tuna.tsinghua.edu.
backports                 1.0                        py_2  https://mirrors.tuna.tsinghua.edu.
```

图 2-9 Anaconda 安装测试结果

2.5.1.2 CUDA 的安装

目前大部分深度学习训练过程中都需要高性能的 GPU 设备，通常使用 NVIDIA 公司生产的显卡，因此需要安装 CUDA 程序。在安装 CUDA 之前，需要确保所使用的电脑具有 NVIDIA 的显卡，如果没有，则直接跳过此步骤，直接安装 CPU 版本的 PyTorch。CUDA 的安装分为 CUDA 软件的安装、cuDNN 的安装和环境变量设置三个步骤。

根据电脑的配置信息，选择合适的 CUDA 驱动版本进行下载，下载完成后，打开进行安装即可，在选择自定义安装的情况下，只勾选 CUDA 即可。

cuDNN 下载完成后，得到的解压文件如图 2-10 所示。只需图 2-10 中文件复制到 CUDA 的安装路径下，进行文件替换即可。

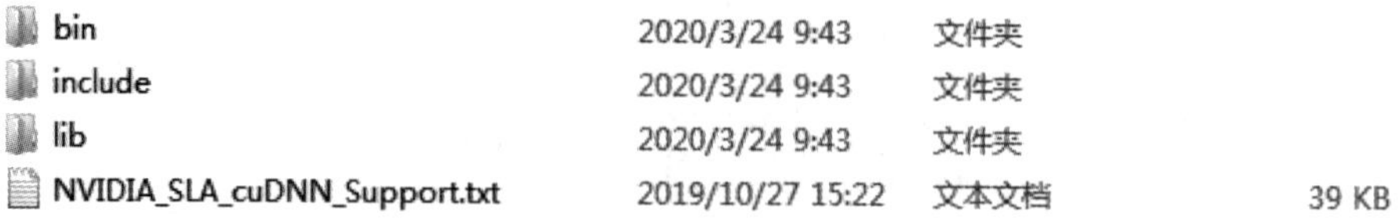

bin	2020/3/24 9:43	文件夹	
include	2020/3/24 9:43	文件夹	
lib	2020/3/24 9:43	文件夹	
NVIDIA_SLA_cuDNN_Support.txt	2019/10/27 15:22	文本文档	39 KB

图 2-10 cuDNN 解压文件

2.5.1.3 PyTorch 的安装

PyTorch 的安装方式较为简单，打开 PyTorch 官网，官网页面下方有一个

"INSTALL PYTORCH"板块，选择电脑的环境配置，使用安装指令在命令行进行安装即可。

安装完成后，进行测试，打开 ipython 的交互编译界面，输入以下指令，测试出现图 2-11 的效果，则证明 PyTorch 安装成功。

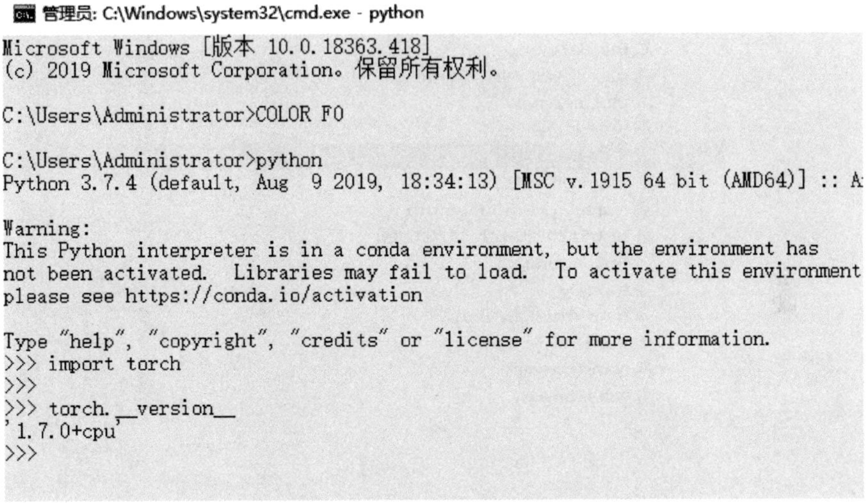

```
管理员: C:\Windows\system32\cmd.exe - python
Microsoft Windows [版本 10.0.18363.418]
(c) 2019 Microsoft Corporation。保留所有权利。

C:\Users\Administrator>COLOR F0

C:\Users\Administrator>python
Python 3.7.4 (default, Aug  9 2019, 18:34:13) [MSC v.1915 64 bit (AMD64)] :: A

Warning:
This Python interpreter is in a conda environment, but the environment has
not been activated.  Libraries may fail to load.  To activate this environment
please see https://conda.io/activation

Type "help", "copyright", "credits" or "license" for more information.
>>> import torch
>>>
>>> torch.__version__
'1.7.0+cpu'
>>>
```

图 2-11　PyTorch 安装测试

2.5.2　车牌定位检测

RetinaNet 的代码主要是参考 PyTorch 官方 torchvision 模块中的开源代码，文件结构如图 2-12 所示。

训练方法如下：

（1）提前将转换好的 VOC 数据集放入项目文件中，并进行路径修改；

（2）提前下载好对应的预训练权重，本书使用的是 ResNet-50 为主干的检测网络，下载该模型在 COCO 数据集中的预训练权重；

（3）如果使用单 GPU 训练，直接运行 train.py 文件；

（4）如果使用多个 GPU 进行训练，则使用 python – m torch.distributed.launch--nproc_per_node=8--use_env train_multi_GPU.py 指令；

（5）修改好代码中相应的类别数，本项目中类别数为 1。

由于本书使用的是迁移学习的训练方式，迁移学习利用了模型在 COCO 数据集中的训练权重，获得了更好的学习起点。由于车牌定位检测任务和 COCO 数据集中的任务类似，模型在训练一个周期后就已经达到了很高的 MAP，MAP 达 0.99。因此，将训练好的模型导出，并且进行可视化实验。首先，打

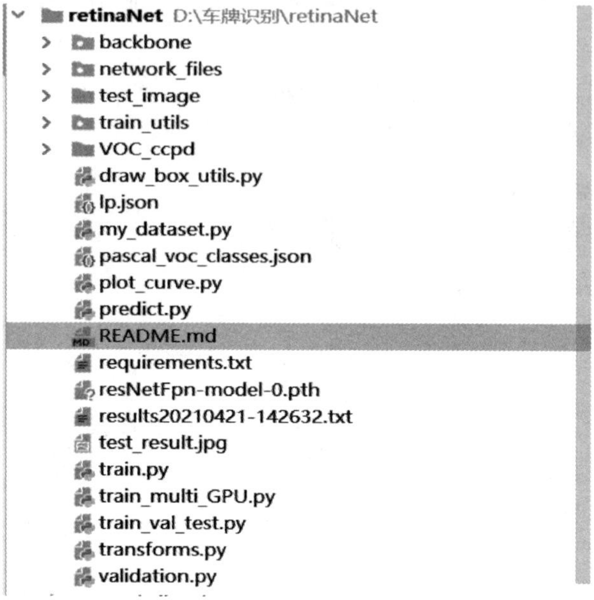

图 2-12 代码结构

开 predict. py 文件；其次修改输入图片的路径。整体的检测代码流程为：将训练好的检测模型进行载入，将模型的模式调为 eval 模式；准备图像数据，并且进行预处理；将图像数据送入模型进行推测；利用 NMS 算法对输出框进行处理，得到目标回归框，并将对应的信息进行标注，实现了车牌的精确定位检测。

模型预测代码如下：

```
img = data_ transform (original_ img)
img = torch. unsqueeze (img, dim = 0)
model. eval ()    #进入验证模式
with torch. no_ grad ():
    img_ height, img_ width = img. shape [-2:]
    init_ img = torch. zeros ((1, 3, img_ height, img_ width), device = device)
    model (init_ img)
    t_ start = time_ synchronized ()
    predictions = model (img. to (device)) [0]
    t_ end = time_ synchronized ()
    predict_ boxes = predictions [" boxes" ] . to (" cpu" ) . numpy ()
    predict_ classes = predictions [" labels" ] . to (" cpu" ) . numpy ()
    predict_ scores = predictions [" scores" ] . to (" cpu" ) . numpy ()
```

```
if len (predict_boxes) = =0:
    print (" 没有检测到任何目标!")
draw_box (original_img,
        predict_boxes,
        predict_classes,
        predict_scores,
        category_index,
        thresh=0.4,
        line_thickness=3,
        id2='12')
```

本书选取多种情况的车牌场景进行识别，场景包括多个车牌、正常情况、模糊情况、夜间情况、雨天情况和下雪天气等。结果测试如图2-13所示，图中车牌使用白色的方框进行定位，lp代表车牌的类别的含义，数字代表预测框的置信度。可见，算法精确地实现了车牌的定位，在多种场景下，RetinaNet都能准确地预测出车牌的位置，抗干扰能力强。因此，本书设计的RetinaNet车牌检测算法实现了高精度的车牌定位。

(a)

(b)

(c)

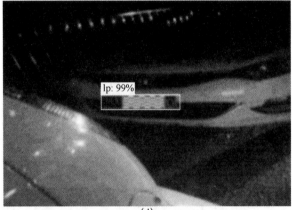

(d)

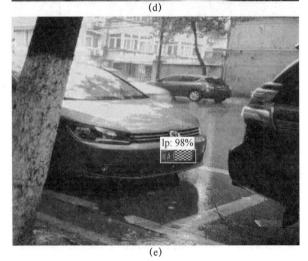

(e)

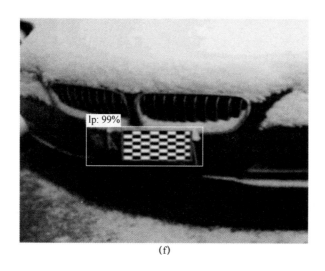

(f)

图 2-13 车牌检测效果

（a）多个车牌；（b）正常情况；（c）模糊情况；（d）夜晚情况；（e）雨天情况；（f）下雪天气

2.5.3 车牌字符识别

车牌的字符识别使用的是卷积神经网络实现的分类模型，包含 7 个分类器，分别用于车牌的 7 位字符识别分类。使用的框架是 PyTorch。网络的搭建仅使用了 4 层卷积神经网络，浅层的网络可以提取到图像的细节信息，并且模型体积小，更有利于字符的识别分类；模型中使用 Leaky ReLU 代替 ReLU 激活函数，减少输出值在负区间对网络的影响；同时，在中间网络层中嵌入 dropout 层，防止模型陷入过拟合。可见，该网络简单有效，利用浅层卷积提取特征信息，保证了模型的推理速度和准确率。

卷积模型的构建代码如下：

```
class Net（torch. nn. Module）：
    def__init__（self）：
        super（Net, self）.__init__（）
        self. conv1 = nn. Conv2d（3, 32, 3）
        self. conv2 = nn. Conv2d（32, 64, 3）
        self. conv3 = nn. Conv2d（64, 32, 3）
        self. conv4 = nn. Conv2d（32, 10, 1）
        self. fc1 = nn. Linear（28 * 7 * 10, 512）
        self. fc2 = nn. Linear（512, 128）
        self. fc3 = nn. Linear（128, 238）
        self. dropout1 = nn. Dropout2d（0. 25）
```

```
        self. dropout2 = nn. Dropout2d （0.3）
    def forward （self, x）：
        x = F. leaky_ relu （self. conv1 （x））
        x = F. avg_ pool2d （x, （2, 2））
        x = F. leaky_ relu （self. conv2 （x））
        x = F. max_ pool2d （x, （2, 2））
        x = F. leaky_ relu （self. conv3 （x））
        x = F. max_ pool2d （x, （2, 2））
        x = F. leaky_ relu （self. conv4 （x））
        x = x. view （-1, 28 * 7 * 10）
        x = F. leaky_ relu （self. fc1 （x））
        x = self. dropout1 （x）
        x = F. leaky_ relu （self. fc2 （x））
        x = self. dropout2 （x）
        x = self. fc3 （x）
        x = x. view （-1, 7, 34）
        x = F. softmax （x, dim = 2）
        x = x. view （-1, 238）
        return x
```

模型搭建完成之后，开始进行模型的训练。实验的配置信息如下：训练周期设置为 200，学习率设置为 0.0001，数据每批次输入的图片为 32 张。在模型训练的过程中，观察训练损失，每个训练周期结束后进行随机预测，将预测值和真实值进行对比，当观察到连续多次都能成功预测，并且损失值较小时，说明模型训练的效果较好。

当模型训练结束后，将模型进行部署预测，使用测试集进行模型的测试。测试结果如图 2-14 所示，可见，单张图片在 CPU 的运行环境下，预测时间仅为 0.01s；根据终端打印出的预测结果可知，测试图片的真实车牌字符与预测出来的车牌字符相同，实现了车牌字符的精准预测。因此，本书使用的浅层卷积模型能够很好地完成字符识别。可知，模型对硬件的消耗较低，在用于检测区域的字符识别和保证准确率的同时，对整体实时性能影响较小。

```
CR 管理员: C:\Windows\system32\cmd.exe
C:\Users\Administrator>
C:\Users\Administrator>
C:\Users\Administrator>python predict.py
label is 鲁█9FF2, network predict is 鲁█9FF2.
The spend time is 0.0149001 s
label is 黑█L8J6, network predict is 黑█L8J6.
The spend time is 0.0139022 s
```

图 2-14 车牌字符预测

2.5.4 整体功能测试

本书将车牌识别任务分解为车牌定位和车牌区域字符识别两个顺序子任务。根据两个子任务分别设计对应的深度学习模型。与传统的车牌识别方法相比，本书实现的车牌识别方法基于深度学习进行自动特征提取，不需要额外的手工特征或者参数调整，识别精度和泛化能力较强。同时，在算法的训练和部署上，也比传统方法更为简单。

车牌识别的整体工作流程如图 2-15 所示，整体过程可以分为两个步骤：通过 RetinaNet 预测出车牌的位置，将车牌对应的区域提取出来；将车牌图像送入 CNN 字符分类识别网络中，预测出车牌字符。

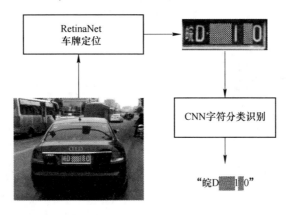

图 2-15 车牌识别流程

本书选取多种情况下的车牌进行实验测试，实验场景包括正常情况、车牌倾斜、低画质、光线影响、下雪情况和夜晚环境等。选取包含上述场景的真实车牌图片，将图片送入模型中进行预测，结果绘制在检测框的正上方。最终，得到的实验测试结果如图 2-16 所示。实验包含了 6 种场景，在正常情况下，车牌准确地被识别出来；在车牌倾斜的情况下，车牌仍然可被准确识别；甚至在夜晚情况，车牌在人眼都难以分辨的情况下，车牌依旧能够被本书设计的算法识别出来。可见，在正常情况、车牌倾斜、低画质、光线影响、下雪天气和夜晚环境的场景下，本书设计的车牌识别算法都能准确预测出车牌的位置和识别出车牌的字符，实现了高精度的车牌定位识别，能很好地应用于真实场景下的车牌识别任务。

因此，本书设计的车牌识别算法能精确地进行车牌的检测与识别，在车牌识别领域具有实用性。本书算法可在多种场合下使用，例如在停车场自动记录车辆停放时间，计算停车收费；也可以在道路交通监管中使用，自动识别违规车辆，使得车辆在出入口的通行更加便捷和安全，有效缓解交通压力。

(a)

(b)

(c)

(d)

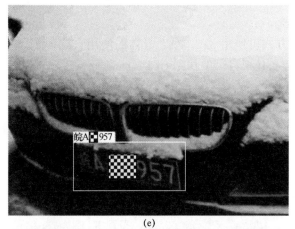

(e)

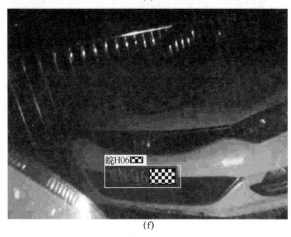

(f)

图 2.16 车牌识别效果

（a）正常情况；（b）车牌倾斜；（c）低画质；（d）光线影响；（e）下雪天气；（f）夜晚环境

2.6　车牌识别应用软件设计

本书基于上述实现的车牌识别算法设计了一款智能车牌识别软件。软件采用摄像头拍照识别车牌的方式，基于计算机深度学习识别车牌，是计算机视觉、图像处理和模式识别技术相结合的产物，有助于城市形成智能交通系统。软件适用于各种场景的机动车车牌识别，具体包括：停车场的车辆管理，高速公路收费站出入口的车牌信息检测，居民小区业主机动车与非业主机动车的车牌识别，城市公路上的车牌信息检测。

界面主要使用 PyQt 技术进行设计，PyQt 是专门用于创建可视化 GUI 界面的 Python 功能包，是目前最强大的界面设计库之一。PyQt5 是基于 Digia 公司强大的图形程式框架 Qt5 的 Python 接口，由一组 Python 模块构成。PyQt5 本身拥有超过 620 个类和 6000 个函数及方法。可以运行于多个平台，包括：Linux，Windows，Mac OS。

PyQt 安装的方式可使用 pip 指令，具体的使用方式如下：首先使用 pip 指令安装 PyQt5；随后在其根目录中找到 Qt Designer 软件，Qt Designer 可以使用大量的元件库，通过对元件库进行摆放布局，Qt Designer 界面如图 2-17 所示；将元件进行摆放后，生成 ui 文件；再使用脚本指令，将 ui 文件转换为 Python 代码，获取到上述 Python 代码后，使用 Python 编程实现各个控件的功能。

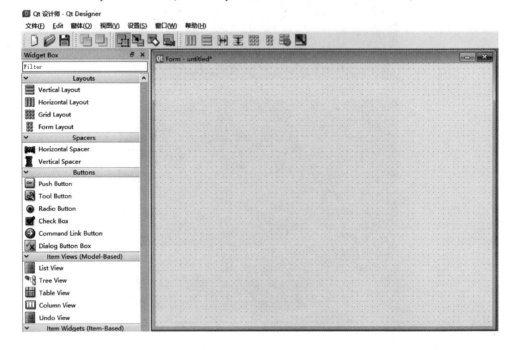

图 2-17　Qt Designer 界面

系统的整体设计流程如图 2-18 所示，总体流程可分为数据采集、图像识别处理、结果可视化和数据导出。其中，数据采集主要是利用设备外接摄像头，再使用 OpenCV 进行摄像头数据流的读取；图像识别处理基于本书的 RetinaNet 车牌定位模型和 CNN 字符特征识别模型进行车牌识别；结果可视化基于 PyQt 实现软件界面；数据导出基于 pandas 生成 Excel 表，同时利用通信技术将数据上传至云端平台。具体过程为：将模型部署于 OpenCV 中，使用摄像头采集待识别区域图像信息，成功识别出车牌信息后，将车牌信息在软件中进行显示，最终将车牌的信息导出到数据云平台中。

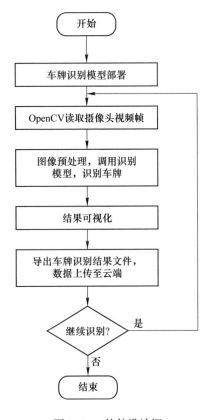

图 2-18 软件设计框

软件设计完成后的主界面如图 2-19 所示，主界面的按钮的具体功能如下：

（1）打开相机。用于打开系统连接的外部设备摄像头，拍摄机动车的照片，并在"摄像头显示"和"车牌区域"板块显示图片，同时系统会自动识别车牌，并将结果显示到界面左侧"识别结果"板块内。

（2）导出数据。点击后，会将"识别结果"板块内的结果导入到相应的 Excel 数据表内，便于用户查阅车牌信息。

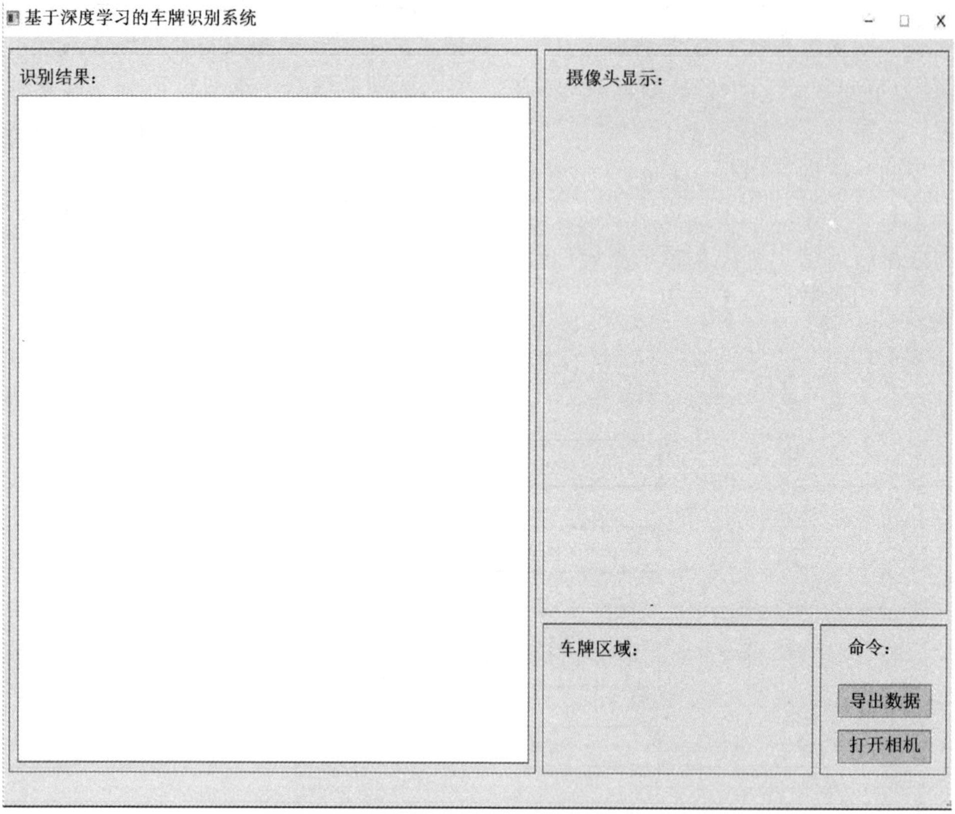

图 2-19　软件主界面

主界面不同区域的介绍如下：

（1）"命令"板块：用户操作的区域；

（2）"摄像头显示"板块：显示机动车的图片；

（3）"车牌区域"板块：显示机动车车牌部分的图片；

（4）"识别结果"板块：显示机动车的各种信息，其中"录入时间"为机动车图片进入系统的时间，"识别耗时"为系统识别机动车车牌所用时间，"车牌号码"为系统识别出的机动车号码，"车牌类型"为机动车车牌的种类，"车牌信息"为机动车所属的地区位置。

使用所设计软件连续采集车牌信息，结果如图 2-20 所示。软件可记录车牌识别的时间、车牌号码和车牌信息，并且可将数据进行导出。软件界面将摄像头采集到的图像实时显示到摄像头显示区域，一旦车牌被检测出，立即将车牌区域进行提取，最终通过字符识别网络输出车牌字符，实现车牌的精确识别。

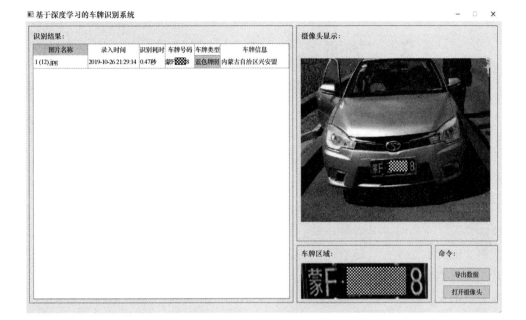

图 2-20 软件效果

可见,本软件利用了深度学习算法,实现了车牌的精确识别;设计可视化软件,将结果进行可视化,由管理者进行决策判断;预留数据导出接口,可用于多个领域内的车牌识别。

3 交通枢纽关键物体检测

3.1 概述

3.1.1 交通枢纽物体检测的意义

交通枢纽在交通运输中发挥着重要作用，随着生产力发展和合作交流局面的全面展开，交通枢纽逐渐走向多元化，并形成了庞大的体系，成为国内乃至国际发展交流的重要途径。随着政治经济文化的发展，人口中心和工业区的不断变迁，交通枢纽常常承担着多种运输方式的交叉管理负荷，对多种交通工作进行调度，逐渐发展成为处理客货的多维度运输要塞。在促进地区交流与经济发展的同时，交通枢纽面临着地理位置、自然与经济条件、交通网和运输技术发展的多方制约。交通事故的频发是制约交通枢纽发展的问题之一，单纯扩大交通枢纽网络，完善交通设施难以从根本上解决问题。为寻求新的突破，近年来人们把目光转移到了智能化交通方面。随着时代的发展，机器在许多方面已经逐渐代替了人类的工作，其在交通枢纽中也能够得以运用。近期无人驾驶技术日趋成熟，而无人驾驶技术的支撑之一是车联网，车联网则必须要掌握丰富、准确和关键的路况信息。而在如此庞大的交通枢纽中掌握全部关键物体信息，靠人力难以完成，因此为错综复杂、车水马龙的交通枢纽打造一套完整的智能交通系统显得尤为重要。如图 3-1 所示，行人与车辆作为交通枢纽的关键物体，是绝大部分交通事故发生的原因。

随着我国综合实力的提升，交通运输行业也快速地发展，但快节奏的生活与发展使交通枢纽中的安全事故频频发生，对人民的生命安全与国家的公共财产造成了严重威胁。据统计，我国每年在交通枢纽发生的交通事故约 50 万起，是世界上交通事故发生最多的国家，每年给国家带来的直接经济损失将近百亿元，其中每 5min 约有 1 人在交通枢纽因交通事故而死亡，根据《中国统计年鉴》统计，自 2000 年以来，每年因交通事故造成的人员伤亡情况如图 3-2 所示。据《交通公报》统计，截止到 2019 年年底，我国交通枢纽发生的交通事故数据庞大，导致约 47 万人受伤、10 万人死亡、19 亿元的国家经济损失。通过对这些交通事故数据分析可知，交通事故造成的人员伤亡与财产损失数据总体呈现上升趋势，因此对此必须重视，尽可能地减少人员伤亡与财产损失。

图 3-1 交通枢纽现状

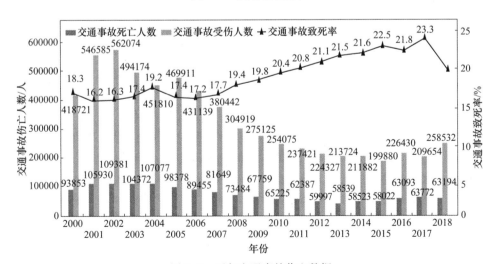

图 3-2 近年交通事故伤亡数据

交通枢纽事故的统计数据十分惊人，在此只针对具有代表性的道路交通事故进行分析。每年因道路交通事故死亡的人数高达 130 万人，是所有道路死亡人数的 1/4。据《中国统计年鉴》数据，2018 年我国在交通枢纽的交通事故发生数共 244937 起，包括机动车事故、非机动车事故和行人乘车人等事故，具体数据如图 3-3 和表 3-1 所示。

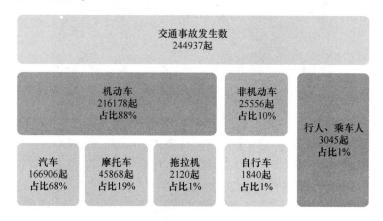

图 3-3 2018 年交通事故数据

表 3-1 交通事故类型分布数据

类型	占比/%	事故发生数/起	致死率/%	平均死亡人数 /人·起$^{-1}$	平均财产损失 /元·起$^{-1}$
机动车	88	216178	20.3	0.27	6061
非机动车	10	25556	11.4	0.15	2139
行人乘车人	约 1	3045	40.2	0.44	6256

从数据来看，行人、乘车人的交通事故发生率较低，但死亡率较高，高达 40.2%；绝大部分交通事故是由机动车造成的，每年因车辆造成的交通事故占比高达 99%。面对交通枢纽中行车安全的问题，交通部门通过加大处罚力度、设置交通新规和增加考试难度进行解决，但并没有起到实质性的作用。根据交通管理局统计，2019 年 1 月至 10 月，多类不正确驾驶行为共造成近万人死亡，6 万人受伤。单靠人力财力的渗透无法从根本上解决问题，人们的意识、驾驶技术的保障及视频监控的合理化显得更为重要。

针对以上所述，2020 年 10 月 30 日，上海公安局副局长陈臻就上海交通安全管理提出了相关管理措施，提出了智能交通管理体系，行人检测技术就是其中一项重要任务。由资料数据分析得知，关键物体在交通系统中带来的影响是十分巨大的。只有准确地掌握关键物体的信息，才能使交通更加便利的同时更加安全，因此在交通枢纽中对关键物体进行检测与跟踪是十分重要的。

3.1.2 国内外研究现状

目标检测技术作为图像分割、字幕和跟踪的基本技术，经历了从"冷兵器革命"到"热兵器革命"的变革，是研究物体类别和定位的重要手段。Zou 等人[36]将其分为通用目标检测和检测应用两个研究主题，本书研究的行人检测技术就属于后者。随着深度学习的不断发展壮大[37]，目标检测的相关研究与应用也越来越多。

R. Girshick 等人[38]首次结合 CNN（Convolutional Neural Network，卷积神经网络）特征与目标检测技术，利用选择性搜索的方法提取候选框，使用图像处理方法进行大小调整，为了更加完整地提取图片特征信息，利用卷积神经网络进行特征提取，并且在网络的输出端进行预测，实现了高精度检测。这是从 DPM 算法引领的冷兵器变革向卷积神经网络引领的热兵器变革跨越的重要一步。近 6 年来，目标检测技术逐渐脱离对手工特征的依赖和复杂的特征表示（如 VJ 检测器、HOG 检测器和 DPM 算法等），与卷积神经网络[39]进行接轨，目标检测技术逐渐向单阶段检测和双阶段检测的两个方向分化。

单阶段检测是由输入到输出一步到位的检测方法，只包含特征提取和直接回归两个步骤。R. Joseph 等人[40]是该分支的奠基人，首次提出 YOLO（You Only Look Once），运用单个神经网络，将一张完整的图片进行多区域分割，同时预测其边界框和置信度。然而，在提升检测速度的同时，定位精度的损耗也难以忽略。为了解决在提升模型检测速度时带来的检测精度损失的问题，W. Liu 等人[41]提出了 SSD（Single Shot MultiBox Detector）算法模型，利用多参考和多分辨率策略，为小目标的定位精度提供了有力保障。SSD 也由此成为继 YOLO 之后名声大振的第二个单阶段检测方法。在 SSD 提出后的很长一段时间内，单阶段的检测精度总是难以与双阶段检测精度抗衡，为了解决此问题，RetinaNet[42]由此诞生。Lin 指出阻碍精度提升的关键是训练过程中前景–背景不平衡特性，提出使用 Focal loss 进行特征重构，从而达到提升精度的效果。此后，R. Joseph 对 YOLO 进行了多方改造，包括使用 PAN、定义新的损失函数和使用 SPP 等，逐渐出现了 YOLO v2[43]、YOLO v3[44]和 YOLO v4[45]等多个版本，该系列算法很好地解决了检测速度与检测精度之间的矛盾问题，在两方面都取得了较为满意的结果。从 YOLO v3 提出至今，单阶段检测技术已经十分成熟，大部分算法的检测精度能够与双阶段检测方法抗衡。

继 RCNN 算法后，学者致力于提升检测精度和加快检测速度的研究，双阶段检测方法形成了多样化发展的局面。K. He 等人[46]针对卷积特征重复计算问题，采用映射计算策略，引入空间金字塔池化层，有效避免了缩放 ROI 区域大小的过程。Fast R-CNN[47]实现了检测与回归的训练工作同步进行，为双精度检测方法的速度优化策略提供了思路。随后，越来越多的去冗改进方法出现，如引入 RPN网络、采用先预测再卷积的顺序和替换基础网络（basebone）等，其效果在Faster R-CNN[48]、RFCN[49]和 FPN[50]中得以体现。Kaiwen Duan 等人[51]利用角点提取有效特征，避免了传统目标检测对先验框的要求，并使用二元和多元分类器进行区域过滤与排序，在 MS COCO 数据集上达到了 FPS 为 7.3、AP 为 46.8%的效果。Jiale Cao 等人[52]基于 dense local regression 和 discriminative RoI pooling 策略，分别提升定位和分类精度，在 COCO 数据集上创造了群雄逐鹿的局面，AP高达 50.10%，成为近期的 SOTA 算法。

3.2 基于深度学习的交通枢纽关键物体检测

3.2.1 YOLO 算法介绍

YOLO 系列目标检测算法也是一个基于端到端的网络，使用的根本原理是在训练好模型之后，将原始图像经过训练网络后回归得到目标所在的位置和目标所属的类别。显而易见的是，脱离原始传统的检测方法而拥有的最直接的优点是检测速度较快、效率较高。YOLO 系列算法自发展以来，有 YOLO v1、YOLO v2、YOLO v3 三种算法，且每种算法都是在前一种算法的基础上改进的。

3.2.1.1   YOLO v1 目标检测算法

YOLO v1 目标检测算法的检测原理是利用卷积神经网络提取待检测目标的图像特征，并通过全连接层来预测目标的所属类别和所在位置。算法网络结构图如图 3-4 所示。在结构算法示意图中，YOLO v1 算法的特征提取网络采用的是GoogLeNet，相较于在深度学习领域使用较为广泛的 VGG16 特征提取网络模型来说，性能更好，主要体现在对复杂度的计算方面。对输入图像提取特征，并将提取的特征图像划分成 7 × 7 的图像，如图 3-5 所示。

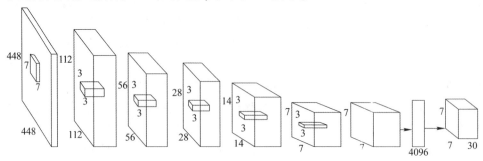

图 3-4   YOLO v1 网络结构

图 3-5　7×7 表格图

YOLO v1 算法预测的目标边框公式见式（3-1）。

$$Pr(Class_i \mid Object) \times Pr(Object) \times IoU_{pred}^{truth} = Pr(Class_i) \times IoU_{pred}^{truth} \quad (3\text{-}1)$$

其中，最终结果表示预测边框中的物体类别概率，$Pr(Class_i \mid Object)$ 表示类别信息，$Pr(Object) \times IoU_{pred}^{truth}$ 表示边框预测的置信度。获取预测边界框的置信度以后，还需要预设参数值，将交并比较低的预测边界框排除，最后还需要将保留下的预测边界框进行筛选，使用的是非极大值抑制算法，从而获取最终的检测结果。如图 3-5 所示，图中的目标就是检测对象，预测目标的位置取决于网络预测中心点所在 7×7 单元网格中的位置，同时获取 bounding box 的坐标值和置信度。置信度代表预测单元网格中是否有待检测的目标和有目标的概率。计算公式见式（3-2）。

$$confidence = Pr(Object) \times IoU \quad (3\text{-}2)$$

其中，$Pr(Object)$ 其值常为 0 或 1，为 0 时，表示边界框中为背景，并无待检目标，相反为 1 时，表示边界框内有待检目标。边界框的置信度可以表达为预测边界框与实际边界框的 IoU（Intersection over Union），即预测的精确度。

预测边界框的位置参数为 (x, y, w, h)，其中 (x, y) 是边界框的中心坐标值，(w, h) 是边界框的宽和高。边界框输出的中心坐标值是相对于待预测网络单元格左上角坐标值的偏移量，其中的尺度单元就是相对于待预测网络单元格的尺寸。边界框的尺寸预测值是相对于全局图像尺寸的缩放比例，所以预测的边界框坐标值取值范围为 $[0, 1]$。但是 YOLO v1 算法的最终输出值为 5 个元素 (x, y, w, h, c)，输出的最后一个值，就是预测边界框概率值。

YOLO v1 算法的损失函数由定位损失函数、置信度损失函数和类别概率损失函数组成，见式 (3-3)。

$$L_{loc} = \lambda_{coord} \sum_{i=0}^{S^2} \sum_{j=0}^{B} 1_{ij}^{obj} [(x_i - \hat{x}_i)^2 + (y_i - \hat{y}_i)^2 +$$
$$(\sqrt{w}_i - \sqrt{\hat{w}}_i)^2 + (\sqrt{h}_i - \sqrt{\hat{h}}_i)^2]$$
$$L_{conf} = \sum_{i=0}^{S^2} \sum_{j=0}^{B} 1_{ij}^{obj} (C_i - \hat{C}_i)^2 + \lambda_{noord} \sum_{i=0}^{S^2} \sum_{j=0}^{B} 1_{ij}^{noobj} (C_i - \hat{C}_i)^2$$
$$L_{cls} = \sum_{i=0}^{S^2} 1_i^{obj} \sum_{c \in classes} [p_i(c) - p_i(\hat{c})]^2 \tag{3-3}$$

相比传统机器学习的目标检测算法来说，YOLO v1 算法检测速度和计算效率都有不少的提升，但其存在的弊病不容忽视：对目标的预测位置不够准确，对大小目标的检测精度有较大的出入，小目标易漏检和检测错误，不能自适应检测目标且召回率较低。根据站内监控端摄像头的摆放位置，客流目标的大小无法保证是否统一，针对小目标检测不佳的缺点，YOLO v1 算法不适合地铁站内的客流检测工作。

3.2.1.2 YOLO v2 目标检测算法

YOLO v2 算法针对 YOLO v1 存在的定位不准确和召回率不高的问题进行了改进。主要体现在特征提取网络的设置、加入批标准化、添加高分辨率分类器、设置联合多尺寸训练和锚点框及维数聚类与定位预测等操作上。YOLO v2 算法的具体改进如下：

（1）特征提取网络的设置。YOLO v2 检测算法并未选择深度学习网络中经常使用的 VGG 模型、GoogLeNet 模型和 AlexNet 模型等常规神经网络模型，而是使用了一种网络结构较为优化的 Darknet-19 模型作为目标检测的骨干网络。其骨干网络包括 19 层卷积和 5 层平均池化，Darknet 网络结构见表 3-2，并取消以全连接层作为特征提取网络的结束，改为以全局最大平均池化层作为特征提取网络的结束。此举不仅实现了降低特征图的维度，还能较为明显地减小参数，并且能使检测速度加快，让实时性有一定程度的提高。

表 3-2 Darknet-19 网络结构

类型	滤波器	尺寸大小/步长	输出层
卷积层 Convolutional	32	3×3	224×224
最大池化层 Maxpool		2×2/2	112×112

类型	滤波器	尺寸大小/步长	输出层
卷积层 Convolutional	64	3×3	112×112
最大池化层 Maxpool		2×2/2	56×56
卷积层 Convolutional	128	3×3	56×56
卷积层 Convolutional	64	1×1	56×56
卷积层 Convolutional	128	3×3	56×56
最大池化层 Maxpool		2×2/2	28×28
卷积层 Convolutional	256	3×3	28×28
卷积层 Convolutional	128	1×1	28×28
卷积层 Convolutional	256	3×3	28×28
最大池化层 Maxpool		2×2/2	14×14
卷积层 Convolutional	512	3×3	14×14
卷积层 Convolutional	256	1×1	14×14
卷积层 Convolutional	512	3×3	14×14
卷积层 Convolutional	256	1×1	14×14
卷积层 Convolutional	512	3×3	14×14
最大池化层 Maxpool		2×2/2	7×7

类型	滤波器	尺寸大小/步长	输出层
卷积层 Convolutional	1024	3×3	7×7
卷积层 Convolutional	512	1×1	7×7
卷积层 Convolutional	1024	3×3	7×7
卷积层 Convolutional	512	1×1	7×7
卷积层 Convolutional	1024	3×3	7×7
卷积层 Convolutional	1000	1×1	7×7
平均池化层 Avgpool		全局变量	1000
分类器 Softmax			

（2）加入批标准化。加入批标准化操作其实是一种防止过拟合的方法，与增加数据集、添加 L1 和 L2 正则项及提前终止等其他防止过拟合方式不同的是，批标准化同时也能对模型的输入做数据归一化处理，且能提升检测模型的训练效率，加速训练模型中的参数收敛，所以 YOLO v2 算法在每层卷积之后配置了批标准化层，除此之外，YOLO v2 算法还剔除了 v1 算法中的 dropout，批标准化还能实现规范模型，综合来说能有效提高模型的训练效率。

（3）设置高分辨率分类器。当前，迁移学习的模块较为广泛地应用在深度学习的模型中，YOLO v2 算法也不例外地采用了预训练模型。预训练模型都是根据国内外官方数据集长时间训练制作的，模型有一定的准确率，同时还能节省大量的训练时间，只需花时间在微调预训练模型上即可。在 YOLO v2 算法中采用变换输入接口的方式进行训练，即训练过程中输入尺寸会随机调整。

（4）添加联合多尺寸训练。YOLO v2 算法在微调模型的过程中添加了联合多尺度训练操作。换句话说，训练的输入图像的尺度并非是单一固定的，而是随着动态变化的，其变化范围为（320，608）。添加这种训练方式与单一固定的输入图像尺度的训练过程相比，其训练的速度并未与单一固定尺度的训练速度有较大出入，同时也不会耗费多余的时间。不仅如此，此举还能够在一定程度上提高模型检测的准确率，兼顾了检测的精确率和检测的速度要求。这种操作方式的优点尤其体现在测试过程中。

（5）设置锚点框。YOLO v2 算法添加了锚点框设置，借鉴了 Faster R-CNN 中的操作，使预选框的选择取决于锚点框的设置，相对比 YOLO v1 算法中的预测边界框的坐标值仅依靠于全连接层的预测，造成预测框不够多且精度不足的缺点，v2 算法的预选框明显增多，精度有一定的提升。同时，由于精简了网络结构，即取消全连接层改为平均池化层，导致参数的计算量明显减少，也能加快检测速度。输入图像的尺寸改为 416×416，使其定位至中心单元网格来预测大目标的类别和坐标信息，预测得更为准确。加入锚点框的设置后，YOLO v2 算法的预选框高达 1000 个左右，提高了召回率，美中不足的是，算法的平均准确率（mAP）有稍许下降。

（6）维数聚类。YOLO v2 算法中还采用了维数聚类的方式来选择锚点框，与其他传统机器学习算法生成锚点框的方式不同的是，传统算法依靠人工经验较多，有不确定性，v2 算法利用 K-means 聚类算法自动训练调整至最合适的锚点框，节省了人力和多余的训练调整时间。而且，v2 算法还使用了欧式距离来提高设置锚点框的效率，但锚点框的尺寸与误差存在着正比例关系。因此需要设置一个距离函数使锚点框的大小与误差两者分隔开来。公式见式（3-4）。

$$d(box, centroid) = 1 - IoU(box, centroid) \qquad (3-4)$$

（7）定位预测。训练网络模型伊始，由于加入锚点框的设置，会给模型带来难以收敛的问题。造成收敛困难问题的原因在于预测框的坐标值，因候选区域推荐机制的存在使预测框的坐标与偏移量有关，预测框的偏移量具体表达式见式（3-5）。

$$t_x = \frac{x - x_a}{w_a}, \ t_y = \frac{y - y_a}{h_a} \qquad (3-5)$$

其中，(x_a, y_a, w_a, h_a) 表示锚点框的位置坐标和尺寸。式（3-5）中的预测偏移值 (t_x, t_y) 的取值需要一定的约束条件，从而来缓解预测框发生偏移的问题，减少训练时长，提高模型在训练过程中的稳定程度。当横坐标的偏移量取 1 时，预测框顺着横坐标正方向移动一个先验框，当偏移量取 -1 时预测框会顺着横坐标的负方向移动一个先验框，所以 YOLO v2 模型选择使用 v1 模型中的相对坐标的方法来避免预测框偏移的现象。YOLO v2 模型的特征图也会采用网络划分的方式，利用划分的各个网格单元来预测 5 个边界框 $(t_x, t_y, t_w, t_h, t_o)$，YOLO v2 的网格图如图 3-6 所示。

图 3-6 中，c_x 和 c_y 表示一个网格单元格距离左上角单元格的横纵距离，先验框为图中虚线框，先验框的宽高分别为 p_w 和 p_h；预测框为黑粗线方框，预测框的宽、高由单元网格周围的锚点框预测偏移量决定，预测框的坐标位置和宽高求解见式（3-6）~式（3-10）。

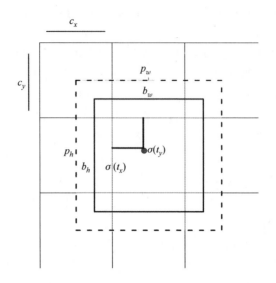

图 3-6 YOLO v2 网格单元图

$$b_x = \sigma(t_x) + c_x \qquad (3\text{-}6)$$

$$b_y = \sigma(t_y) + c_y \qquad (3\text{-}7)$$

$$b_w = p_w e^{t_w} \qquad (3\text{-}8)$$

$$b_h = p_h e^{t_h} \qquad (3\text{-}9)$$

$$Pr(object) \times IoU(b, object) = \sigma(t_o) \qquad (3\text{-}10)$$

边界框与整幅图像的相对坐标和尺寸的计算公式见式（3-11）~式（3-14）。

$$b_x = [\sigma(t_x) + c_x]/W \qquad (3\text{-}11)$$

$$b_y = [\sigma(t_y) + c_y]/H \qquad (3\text{-}12)$$

$$b_w = p_w e^{t_w}/W \qquad (3\text{-}13)$$

$$b_h = p_h e^{t_h}/H \qquad (3\text{-}14)$$

通过上面的求解公式可知，YOLO v2 模型边界框的解码过程可简要概括为只需将（b_x，b_y，b_w，b_h）进行原图尺寸的换算即可。YOLO v2 模型在定位预测中固定边界框的预测值，稳定了模型的训练过程，同时也提高了检测的精确度。

YOLO v2 算法在网络模型中使用较大的下采样的操作使检测过程中能够捕获更大的感受野，但同时也带来对小目标检测精度不佳、大目标边框定位不准的弊端。因此，YOLO v2 模型不适合地铁站内的客流检测工作，无法满足该环境下的检测要求。

3.2.1.3 YOLO v3 检测算法

YOLO v3 网络结构可分为 Darknet-53 和 YOLO 层，前者用于特征提取，后者用于多尺度预测。不同于 YOLO v2，YOLO v3 没有池化层和全连接层，张量的尺寸变换均依赖于改变卷积核的步长。将原始图片缩放到 416×416 大小，Darknet-53 通过 5 次下采样实现由大小为 416×416×3 的输入得到 13×13×1024 的输出，能在保证实时性的基础上追求性能。YOLO 层得到 Darknet-53 输出的特征图后，通过 concat 机制扩充张量维度，实现上采样与浅层特征图的相连，从而输出 13×13、26×26 和 52×52 三种尺寸大小的特征图，通过这种多尺度的方法，可以更好地对小物体进行检测。YOLO v3 算法不但继承 YOLO v2 算法优点还对其做了很好提升，具体改进如下：

（1）网络结构优化。YOLO v3 算法进一步优化了 YOLO v2 算法的 Darknet 网络结构，从 19 层提升到了 53 层。Darknet-53 网络共有 53 个卷积层，其余为残差层。这样不但使得网络性能更优检测效果更好，还能将效率提高为 ResNet-101 网络的 1.5 倍。Darknet-53 的网络结构如图 3-7 所示。

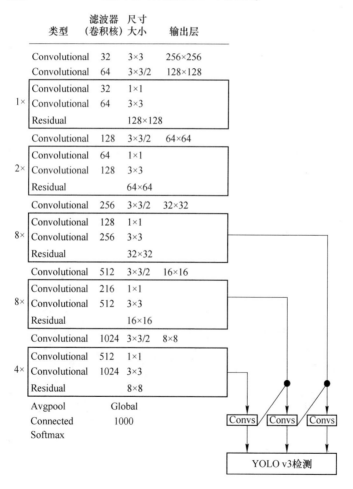

图 3-7　Darknet-53 网络结构

各网络模型在 ImageNet 上的实验结果见表3-3。

表3-3 网络结构实验对比

主干网络	Top-1	Top-5	批量归一化操作数	每百万浮点运算次数	每秒帧率
Darknet-19	74.1	91.8	7.29	1246	171
ResNet-101	77.1	93.7	19.7	1039	53
ResNet-152	77.6	93.8	29.4	1090	37
Darknet-53	77.2	93.8	18.7	1457	78

（2）边界框预测。YOLO v3 模型通过使用回归确定单元网格预测的边界框的置信度。先提前设置预测框与真实边界框 IoU 的阈值，一般设置为0.5。若网格单元中的交并比大于该阈值，表示存在其目标且置信度为1，反之，则代表该网格单元中并无其目标且置信度为0。

（3）多标签类别预测。YOLO v3 模型在类别预测上选择使用多类别预测，与以前算法中的单一类别预测不同的是，对目标能更加准确地分类。同样的确定所属类别的方式还是取决于标签类别的阈值，高于其阈值则为该类别。

（4）多尺寸特征图预测。YOLO v3 模型与 SSD 模型在检测时，相似点在于都采用了多尺度的特征图检测，大的特征图检测较小目标，小的特征图检测较大目标，但与 SSD 模型不同的是，YOLO v3 模型采用三种不同的特征图尺寸，分别为13×13、26×26 和 52×52，如图 3-8 所示。

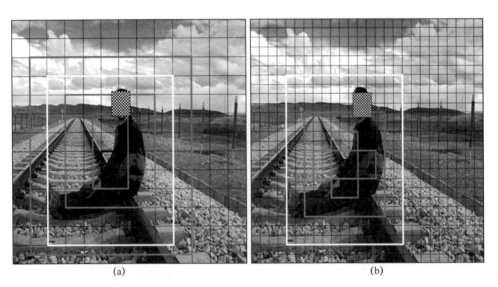

图3-8 特征图
（a）13×13；（b）26×26

图 3-8 中白色框为真实目标边界框，黑粗线框为待检测目标物体中心点位置的网格。因为 YOLO v3 模型的 3 种不同尺度的特征图会划分不同数量的单元网格，所以单元格中的先验框尺寸也要随着单元格尺寸的不同而变化调整。预选框随着 3 种不同的网格单元分别设置 3 种预选边界框，即有 9 种尺寸的预选框。

（5）损失函数。YOLO v3 模型的损失函数设置由位置损失函数、置信度损失函数和类别概率损失函数组成，见式（3-15）。

$$L_{loc} = \lambda_{coord} \sum_{i=0}^{S^2} \sum_{j=0}^{B} 1_{ij}^{obj} \left[(x_i - \hat{x}_i)^2 + (y_i - \hat{y}_i)^2 + \right.$$

$$\left. (\sqrt{w_i} - \sqrt{\hat{w}_i})^2 + (\sqrt{h_i} - \sqrt{\hat{h}_i})^2 \right]$$

$$L_{conf} = \sum_{i=0}^{S^2} \sum_{j=0}^{B} 1_{ij}^{obj} (C_i - \hat{C}_i)^2 + \lambda_{noord} \sum_{i=0}^{S^2} \sum_{j=0}^{B} 1_{ij}^{noobj} (C_i - \hat{C}_i)^2$$

$$L_{cls} = \sum_{i=0}^{S^2} 1_i^{obj} \sum_{c \in classes} \left[p_i(c) - p_i(\hat{c}) \right]^2 \qquad (3-15)$$

YOLO v3 算法弥补了 YOLO 系列算法对于大小目标检测不精的问题，使用了更先进的特征提取网络，进一步提升了检测精度和检测效率。所以本书最终使用 YOLO v3 算法作为地铁客流在常规情况下的检测算法。

3.2.2 基于 YOLO v3 的交通枢纽行人检测

YOLO v3 采用多尺度检测的方法，将输入的图像映射到 13×13、26×26 和 52×52 三个不同的尺度上，以此来增加网络对不同尺寸的适应度，来获得更小的感受野，从而增加对小目标的检测精度。本章以交通枢纽的关键物体——行人为检测对象，行人目标复杂、遮挡严重，且目标大小不一，因此采用 YOLO v3 检测算法，详细介绍如下。

3.2.2.1 锚点框

YOLO v3 采用 K-means 聚类算法获取数据集的锚点框，K-means 算法首先对需要聚类的数据进行样本划分与初始值选取，按照样本间的距离关系将其数据集划分成 K 簇，簇内样本点尽可能密集，簇间聚类尽可能大，流程框图如图 3-9 所示。

具体聚类过程如下：

（1）在需要聚类的数据集上进行初始点的选取，选择方式为随机选取。

（2）对于数据集中的每一个样本，分别求其到 K 个中心的欧氏距离，将该样本归到距离最短的中心所在的类。

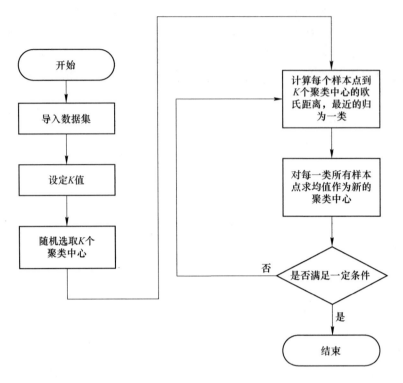

图 3-9 K-means 聚类算法流程

（3）对聚类中心值进行更新，即求出每一类数据所有样本的均值，用此均值来代替这一类别的上一步确定的聚类中心。

（4）对于所有的聚类中心，重复上述步骤，当类的中心值移动距离满足一定条件时，停止更新聚类中心，得到最终的 K 个类别中心。

具体的 K-means 聚类算法程序如下，其中 k 是需要聚类的种类数量。

```
def kmeans (boxes, k, dist=np. median):
    rows=boxes. shape [0]
    distances=np. empty ((rows, k))
    last_clusters=np. zeros ((rows,))
    np. random. seed ()
    clusters=boxes [np. random. choice (rows, k, replace=False)]
    while True:
        for row in range (rows):
            distances [row] =1-iou (boxes [row], clusters)
        nearest_clusters=np. argmin (distances, axis=1)
        if (last_clusters==nearest_clusters). all ():
```

```
        break
    for cluster in range（k）：
        a = boxes［nearest_clusters = = cluster］
        clusters［cluster］ = dist（boxes［nearest_clusters = = cluster］, axis = 0）
    last_clusters = nearest_clusters
return clusters
```

3.2.2.2　参数设置

YOLO-v3 算法的各项初始化参数在 cfg 文件中的［net］部分进行设置，其代码如下。

```
［net］
# Testing
# batch = 1
# subdivisions = 1
# Training
batch = 64
subdivisions = 16
width = 608
height = 608
channels = 3
momentum = 0.9
decay = 0.0005
angle = 0
saturation = 1.5
exposure = 1.5
hue = .1

learning_rate = 0.001
burn_in = 1000
max_batches = 500200
policy = steps
steps = 400000, 450000
scales = .1, .1
```

3.2.2.3　YOLO-v3 算法

YOLO-v3 主要分为 Darknet-53 特征提取网络和 3 个多尺度检测层，其中 Darknet-53 共有 23 个残差块、52 层卷积层、1 个全连接层，在 Darknet-53 中，每两个卷积层和一个残差结构构成一个小模块，以其中的一个小模块为例，其代码如下。

```
[convolutional]
batch_normalize = 1
filters = 32
size = 1
stride = 1
pad = 1
activation = leaky


[convolutional]
batch_normalize = 1
filters = 64
size = 3
stride = 1
pad = 1
activation = leaky


[shortcut]
from = -3
activation = linear
```

YOLO v3 最后利用 13×13、26×26 和 52×52 三个不同的尺度进行检测，以 26×26 为例，其代码如下。

```
[upsample]
stride = 2
[route]
layers = -1, 61


[convolutional]
batch_normalize = 1
filters = 256
size = 1
stride = 1
pad = 1
activation = leaky


[convolutional]
```

batch_ normalize = 1

size = 3

stride = 1

pad = 1

filters = 512

activation = leaky

[convolutional]

batch_ normalize = 1

filters = 256

size = 1

stride = 1

pad = 1

activation = leaky

[convolutional]

batch_ normalize = 1

size = 3

stride = 1

pad = 1

filters = 512

activation = leaky

[convolutional]

batch_ normalize = 1

filters = 256

size = 1

stride = 1

pad = 1

activation = leaky

[convolutional]

batch_ normalize = 1

size = 3

stride = 1

pad = 1

filters = 512

activation = leaky

```
[convolutional]
size = 1
stride = 1
pad = 1
filters = 255
activation = linear


[yolo]
mask = 3, 4, 5
anchors = 10, 13,    16, 30,    33, 23,    30, 61,    62, 45,    59, 119,    116, 90,
156, 198,    373, 326
classes = 80
num = 9
jitter = .3
ignore_thresh = .7
truth_thresh = 1
random = 1
```

3.3 实验与分析

3.3.1 实验平台与 Darknet 框架

3.3.1.1 实验平台

本书搭建的实验平台分为本地电脑端配置和远程服务器端配置两大部分，其本地端和服务器端的具体配置见表 3-4。

表 3-4 实验平台配置

实验平台		详细参数
本地端	CPU	i5-6500 CPU
	操作系统	64 位 Window7 操作系统
	内存	8G
	操作系统	Linux centos7-1
服务器端	CPU	40×Intel（R）Xeon（R）Silver 4210 CPU @ 2.20GHz
	GPU	TITAN RTX（24G VRAM）
	内存	8×16GB TruDDR4 2933MHz 内存
	其他	CUDA10.2、cuDNN7

3.3.1.2 Darknet 框架搭建

目前深度学习的框架众多，例如 TensorFlow、PyTorch、Caffe 等，本书采用的是 Darknet 学习框架，它完全是 C 语言编写的框架，所以没有依赖项，是一个很轻量化的学习框架，同时支持 CPU、GPU，因此想调用 GPU 进行训练，需要安装 CUDA 和 cuDNN 加速库，本书安装的加速库版本分别为 CUDA10.2 和 cuDNN7。

从官网下载安装源码文件到服务器端，解压后修改里面的"Makefile"文件，使其满足对 GPU、cuDNN 及 OpenCV 的支持。具体做法是将"Makefile"文件中开头处的这三个量都修改为 1，表示开启该功能，保存退出后进行 make 编译，编译通过后表示 Darknet 安装完成，利用安装好的 Darknet 框架进行 YOLO v3 识别测试。从 YOLO 官网下载 YOLO v3 的权重文件，利用 ./darknet detect cfg/yolov3.cfg yolov3.weights data/dog.jpg 进行测试。当终端显示出各类物体的预测准确度时，说明已经安装配置成功。图 3-10 是检测的可视化结果，至此，则表示 Darknet 框架安装完成。

图 3-10　YOLO v3 检测结果图

3.3.2　数据集制作

本文测试数据集共有两个，分别是 CrowdHuman 行人数据集和本书收集制作的交通枢纽行人数据集，其中 CrowdHuman 行人数据集是一个用于人群中行人检测的基准数据集，本书收集制作的数据集则是各个交通枢纽下的各类环境条件下的行人数据集。

3.3.2.1　CrowdHuman 行人数据集

CrowdHuman 行人数据集共 15000 张训练图片，验证图片共 4370 张，测试图片共 5000 张，为了直观展示数据集的各个标注框，利用 cv2. rectangle 函数将图片中的行人均用矩形框进行归整，每张图片中的行人个体都用了三种标注框，即头部框、全身框和可见区域框。

CrowdHuman 行人数据集共计有效标注个体 4.7×10^5 个，其标注文件是 odgt 格式。因为本书选用 YOLO v3 算法进行训练测试，故需要对数据集进行处理，统一处理为 VOC 数据集格式，标准的 VOC 格式文件结构如图 3-11 所示。其中"Annotations"文件夹存放 labellmg 软件制作的 xml 标签文件；"ImageSetes"文件夹下有"main"文件夹，用于存放 train、val、test 和 trainval 文件，里面是图片的路径和名称，用于训练、测试和验证；"JPEGImages"文件夹用于存放原始图片。

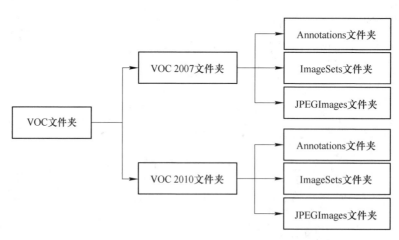

图 3-11　VOC 数据结构图

首先利用 Python 编程处理 CrowdHuman 行人数据集的 odgt 标注文件，odgt 文件的每个 ID 便是一张图片，按照 ID 进行划分，对每个 ID 下面的信息进行提取。

本书测试的目标为 bbox 和 hbox 两个目标，因此对图片的整体长和宽、bbox 框的坐标信息和 hbox 的框的坐标信息进行提取，每张图片提取信息保存为单独的 xml文件，并且以对应的图片名命名 xml 文件，与 JPEGImages 文件夹中存放的图片一一对应，全部存放在"Annotations"文件夹下面。

3.3.2.2 本书收集制作的数据集

本章检测的是交通枢纽的行人，由于检测目标多，在遮挡严重的情况下，目标特征丢失严重。本书采用头肩检测的思想，收集制作了交通枢纽的行人头肩数据集，共 6196 张图片，标注有效个数共计 83072 个，将其命名为 Transportation_hub_Human，图片主要来源于拍照和网络两个途径，包括火车出站口、交通路口、站前广场等场景，部分数据集如图 3-12 所示。

(a)

(b)

(c)

(d)

(e)

(f)

图 3-12　数据集图片

（a）出站口行人图片；（b）站前广场行人图片；（c）进站口行人图片；
（d）交通路口行人图片；（e）公交站行人图片；（f）十字路口行人图片

首先利用 labellmg 软件进行数据集的标注，如图 3-13 所示，标注完成后会在保存路径下生成每幅图片对应的 xml 文件，在 xml 文件中保存的是目标框的坐标等信息，其中"size"下面的信息是所标注图片的整体长和宽，"object"下的"bndbox"里面的四个数据分别代表所标注的一个框的横纵坐标的最小最大值，将 CrowdHuman 行人数据集制作成为标准的 VOC 数据集格式，为算法训练和测试做好准备。

图 3-13　labellmg 软件标注数据集示意图

3.3.3 评价指标选定

针对交通枢纽的行人检测，检测准确率很重要，本书选取平均准确率（*mAP*）作为评价指标，其准确率 T_p 和召回率 T_r 的定义见式（3-16）。

$$T_p = \frac{TP}{TP + FP}$$

$$T_r = \frac{TP}{TP + FN} \tag{3-16}$$

式中　*TP*——正确检测的数量；

FP——误检的数量，即将背景检测为行人数量；

FN——误把行人检测为背景的数量。

同时以 *F1* 作为对准确率和召回率综合衡量指标，越接近 1，则效果越好。以召回率为横坐标，以准确率为纵坐标，绘制 P-R 曲线，利用积分求取 *mAP* 的值，见式（3-17）。

$$F1 = \frac{2PR}{P + R} = \frac{2TP}{2TP + FN + FN}$$

$$mAP = \int_0^1 P(R)\,\mathrm{d}(R) \tag{3-17}$$

3.3.4 实验结果分析

3.3.4.1 优化 K-means 算法聚类实验

利用 K-means 算法在 CrowdHuman 数据集和 Transportation_hub_Human 数据集上的聚类效果见表 3-5。

表 3-5　K-means 聚类结果

数据集	输入尺寸	锚点框	准确率/%
CrowdHuman（fbox）	608	(5, 11) (8, 24) (12, 46) (19, 75) (29, 34) (31, 113) (48, 190) (78, 303) (148, 500)	67.88
	416	(4, 9) (6, 23) (13, 17) (11, 40) (17, 69) (30, 38) (29, 114) (48, 191) (94, 325)	67.35
	320	(3, 7) (5, 17) (8, 30) (11, 14) (13, 52) (24, 30) (22, 87) (37, 145) (72, 248)	67.35

续表 3-5

数据集	输入尺寸	锚点框	准确率/%
CrowdHuman（hbox）	608	（22, 43）（11, 18）（2, 4）（70, 113）（7, 12）（35, 63）（15, 29）（5, 7）（28, 22）	70.91
	416	（3, 5）（7, 12）（2, 3）（5, 8）（14, 27）（1, 2）（23, 40）（45, 74）（10, 17）	71.45
	320	（18, 33）（1, 2）（6, 9）（3, 4）（4, 7）（37, 59）（8, 15）（12, 21）（2, 3）	71.56
Transportation_hub_Human	608	（10, 17）（14, 23）（19, 30）（25, 38）（33, 47）（42, 62）（55, 82）（71, 110）（100, 157）	81.02
	416	（7, 12）（10, 16）（13, 21）（17, 26）（23, 33）（29, 43）（38, 57）（49, 77）（70, 108）	81.00
	320	（5, 8）（7, 11）（9, 15）（12, 18）（13, 23）（27, 40）（36, 55）（20, 29）（51, 79）	81.06

由于聚类的种类对聚类的准确率影响较大，本书分别做了聚类为 3、6、9、12、15、18 类的聚类实验，将每次聚类的 IoU 值准确率绘图，如图 3-14 所示。

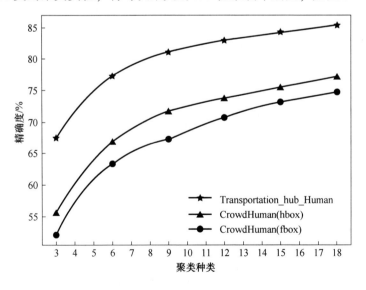

图 3-14　聚类种类与 IoU 值准确率图

通过图 3-14 可以分析得出随着聚类种类的增加，刚开始聚类的正确率增加速度较快，到了聚类数量为 12 类时，聚类的准确率增加速度缓慢，因此本书确定聚类种类为 12 类。在确定了本章的聚类种类为 12 类之后，通过 K-means++ 在 CrowdHuman 数据集和 Transportation_ hub_ Human 数据集上的聚类效果见表 3-6。

表 3-6 K-means++ 聚类结果

数据集	输入尺寸	锚点框	准确率/%
CrowdHuman (fbox)	608	(4, 10) (7, 19) (10, 35) (14, 53) (20, 27) (20, 76) (28, 114) (42, 157) (46, 54) (58, 245) (93, 348) (167, 546)	70.92
	416	(3, 8) (5, 17) (8, 29) (10, 13) (14, 46) (18, 68) (18, 26) (25, 105) (38, 155) (42, 54) (60, 232) (111, 364)	70.78
	320	(2, 6) (4, 14) (6, 23) (8, 11) (9, 37) (14, 54) (15, 21) (20, 84) (30, 123) (33, 44) (47, 182) (86, 284)	70.78
CrowdHuman (hbox)	608	(2, 3) (4, 5) (5, 8) (7, 11) (9, 17) (10, 37) (13, 21) (17, 31) (24, 39) (29, 58) (46, 75) (82, 139)	74.11
	416	(1, 2) (2, 3) (3, 5) (5, 8) (6, 11) (7, 27) (9, 16) (12, 10) (13, 22) (17, 33) (27, 46) (52, 85)	73.77
	320	(1, 1) (1, 2) (2, 3) (3, 5) (4, 6) (5, 9) (6, 20) (7, 12) (10, 17) (13, 25) (21, 36) (40, 65)	73.87
Transportation_ hub_ Human	608	(9, 16) (13, 22) (18, 29) (24, 34) (28, 43) (36, 51) (42, 64) (53, 76) (60, 96) (75, 110) (91, 142) (130, 211)	82.63
	416	(6, 11) (9, 15) (12, 19) (16, 24) (20, 28) (23, 35) (29, 41) (34, 53) (42, 61) (48, 77) (63, 95) (88, 142)	82.69
	320	(5, 9) (7, 12) (9, 15) (12, 19) (16, 22) (18, 28) (23, 33) (27, 41) (32, 51) (40, 58) (48, 75) (69, 111)	82.62

为了更加直观地将聚类结果显示出来，将 K-means 算法与 K-means++算法的聚类结果的准确率进行对比，见表 3-7。基于 K-means++算法优化后的结果与 K-means 算法相比较，其聚类准确率在不同的尺寸上提高约 1.6%~3.5%。按照聚类结果将所有数据进行分类绘图，如图 3-15~图 3-17 所示，通过聚类结果图分析可以发现，在 0~0.5 之间的数据多而密，大于 0.5 的数据点较为分散，因此本章的数据集大部分为小目标。

表 3-7　YOLO v3 算法训练结果

数据集	输入尺寸	K-means 准确率/%	K-means++准确率/%	提升率/百分点
CrowdHuman （fbox）	608	67.88	70.92	3.04
	416	67.35	70.78	3.43
	320	67.35	70.78	3.43
CrowdHuman （hbox）	608	70.91	74.11	3.20
	416	71.45	73.77	2.32
	320	71.56	73.87	2.31
Transportation_ hub_ Human	608	81.02	82.63	1.61
	416	81.00	82.69	1.69
	320	81.06	82.62	1.56

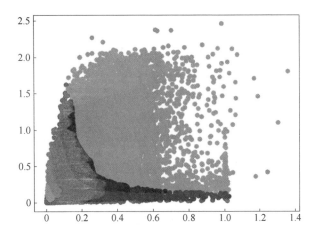

图 3-15　CrowdHuman （fbox） 聚类结果图

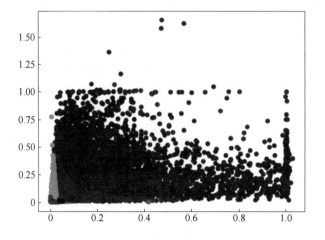

图 3-16　CrowdHuman（hbox）聚类结果图

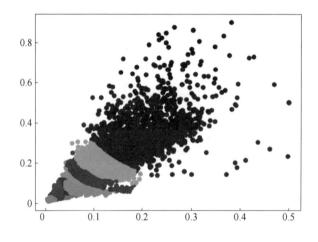

图 3-17　Transportation_hub_Human 聚类结果图

3.3.4.2　YOLO v3 检测实验

　　为了方便对比改进前后算法的各项评价指标，首先基于原始 YOLO v3 算法在 CrowdHuman 数据集和 Transportation_hub_Human 数据集上进行训练，训练过程中各项参数的设置对实验结果的影响也至关重要。本书训练的基本参数具体设置为：学习率，0.001；训练批次，64；训练步数，50200。对训练完成后的实验结果记录，实验数据见表 3-8。

表 3-8 YOLO v3 算法训练结果

数据集	输入尺寸	准确率	召回率	F1	漏检率	mAP
CrowdHuman（fbox）	608	0.4794	0.5768	0.5236	0.4232	0.5749
	416	0.4230	0.5084	0.4618	0.4916	0.4750
	320	0.3795	0.4402	0.4076	0.5598	0.3878
CrowdHuman（hbox）	608	0.4013	0.5522	0.4648	0.4478	0.5299
	416	0.3323	0.4238	0.3725	0.5762	0.3717
	320	0.2808	0.3565	0.3142	0.6435	0.2840
Transportation_hub_Human	608	0.7539	0.7097	0.7311	0.2689	0.6481
	416	0.2978	0.6270	0.4038	0.5962	0.2453
	320	0.7750	0.3179	0.4509	0.5491	0.2899

3.3.4.3 检测效果

利用改进后的 YOLO v3_wide_4L 算法模型进行图片测试，测试结果如图 3-18 所示。通过检测结果发现，改进后的模型对小目标的检测很优秀，同时对遮挡、夜间等恶劣条件下的行人也能做到很好的检测。

(a)

(b)

(c)

(d)

(e)   (f)

(g)   (h)

(i)

(j)

图 3-18 改进后算法的各场景检测图

（a）火车站出口；（b）楼梯口；（c）密集人群；（d）严重遮挡人群；（e）低像素图片；

（f）十字路口；（g）交通要道；（h）地铁站；（i）火车站站前广场；（j）夜间场景

4 基于 CSRNet 算法的交通人群计数

4.1 人群计数概述

4.1.1 人群计数的意义

近几年，伴随中国城镇化建设不断加快和完善，中国人口数量与日俱增，城市人口占比越来越高，这使得中国城市，尤其是大城市的人口密度快速上升。以上海为例，2019 年 6340.5 平方千米的土地上居住着 2428.14 万人口，这样大的人口密度更容易出现人群聚集，从而导致恶性事件的发生。中国经济的高速发展和公共交通体系的日益完善，使人们的出行更加方便快捷，节假日出行游玩的游客人次逐年递增[53]。如图 4-1 所示，国家统计局报告数据显示，全年国内游客人次由 2015 年的 39.9 亿人次，上涨到 2019 年的 60.1 亿人次，四年内，国内游客人次涨幅高达 20.2 亿人次。数量如此庞大的人口流动，更容易发生由大规模的人口聚集导致的异常群体事件。2015 年元旦前夕，许多上海市民前往上海外滩进行阳历跨年，由于人群过于拥挤，发生了恶性踩踏事件，其中罹难人数为 36 人，受伤人数为 49 人。没有有效的安保措施和监控手段时，当场景内出现大量行人，尤其是在火车站、地铁站、风景区等场景下，异常群体事件更易发生，从而威胁到人民的生命财产安全。

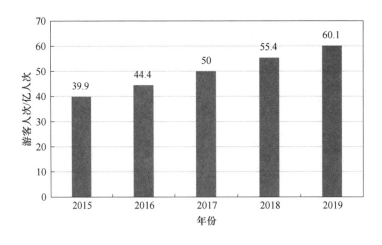

图 4-1　2015 年至 2019 年全年国内游客人次

为了能够更全面地保障人民群众在乘坐各种交通工具出行时的安全，及时发现安全隐患，对安保人员实施更合理的配置方案，避免因大规模人群聚集导致异常事件的发生，针对这些场景的人群行为进行分析与研究就显得尤为重要。我国自 2004 年开始注重公共区域的安全防控，至今为止，在公共区域监控方面已经取得了巨大的进步，交通路口、地铁站等交通枢纽的公共摄像头覆盖率越来越高，对这些摄像头采集到的数据进行更有效、更快捷的处理，对保障公共安全具有十分积极的意义。

人群计数在未来的视频监控、数据处理等方面具有十分广阔的发展空间，应用场景也将更加多样化。近年来，随着深度学习的发展，有关人群计数的研究也在逐年增加，人群计数算法的精度也越来越高。

4.1.2 国内外研究现状

随着人工智能和深度学习的发展，针对人群计数所展开的研究逐年增加。人群计数领域的研究重点逐渐向如何能够更准确、更快速地估计出人群数量发展。目前，根据计数方式的不同，可以将人群计数算法分为基于检测的计数算法和基于回归的计数算法。

基于检测的计数算法通过设计滑动窗口，使用检测算法检测图片中的行人目标，得到检测结果后，对检测结果中的所有行人目标进行数量求和，完成人群计数。研究前期，基于检测的计数算法主要是通过提取图像的边缘特征、纹理特征等底层特征进行行人检测。其中，Laurence 等人[54]提出了一种用于融合激光扫描仪和摄像机提取特征信息的概率模型，该方法从激光扫描仪数据中提取目标信息，对两个传感器读取的信息分别进行目标分类，并使用贝叶斯公式对两个分类器结果进行决策融合，通过对两种行人检测的结果进行集成，降低了误检测率。Ju 等人[55]利用自动图像配准的方法从彩色图像和热度图像序列中提取人体轮廓，提出了一种层次化的方法，自动寻找从同步彩色图像序列和热度图像序列中提取初步人体轮廓之间的对应关系，通过对彩色图像和热度图像提取的轮廓特征进行概率融合，改善人体轮廓检测效果。Liu 等人[56]改进了 SSD 网络结构，引入了可分离的层次融合特征模型增强网络特征提取能力，利用去垂直可分离卷积降低模型的复杂度，降低了行人检测的漏检率。Xie 等人[57]提出了 PSC-Net，该网络包含一个由图卷积网络构成的专用模块，该模块通过对不同行人身体部位之间和内部的共现信息进行提取，有助于改进网络的特征表达，更好地处理遮挡严重情况下的行人检测。Wang 等人[58]针对人群中的行人检测，提出了一种改进的多属性行人检测（MAPD）方法，该方法能够对类内行人目标的紧凑性和类间行人目标的差异性进行优化，采用了一种更好的正置位策略缓解极端的类不平衡问题，提出了一种新的分段极大值抑制算法减少小目标误检率。Ovidiu 等人[59]结合多模态图像融合和深度学习，提供识别决策的多层感知机之前，对每个成像模式，包括强度、深度、光流，分别使用一个独立的卷积神经网络，并提出了四种基于卷积神经网络交叉模态深度学习的学习模式。由于基于检测的计数算法的精度完全取决于所选用的目标检测算法的精度，当检测算法误差较大时，计数结果也会出现较大误差，且由于目前的目标检测算法对于图片中尺度较小的目标并没有较好的效果，因此当场景中的人群遮挡较为严重或目标尺度较小时，不能达到很好的检测计数效果。

基于回归的计数算法，依据回归的目标进行分类，可以分为两类，分别是直接回归人数的计数算法和回归人群密度图的计数算法。直接回归人数的算法，首先学习图片的特征，利用线性回归、非线性回归等回归方式，学习输入特征到人群数量的映射关系，直接得到计数结果。Huang 等人[60]对以视频为对象的人群计数算法，设计了一种新的代价敏感稀疏线性回归方式，通过回归进行视频计数。首先学习一个稀疏线性回归（SLR）模型，根据该模型计算与每个训练数据相关的建模误差，将所有建模误差作为先验知识，设计与样本相关的权重因子，以消除由于数据不平衡导致的稀疏线性回归模型建模误差较大的不利影响。Chan 等人[61]提出了一种不需要明确的目标分割和跟踪，即可对不同前进方向的非均匀人群进行数量估计的方法，利用混合动态纹理运动模型，分割运动人群，生成人群均匀运动的分量，对每个分割区域，提取一组整体的低级特征；采用贝叶斯回归方法，将输入特征映射到每个分割区域的预测人数结果，其中，针对贝叶斯回归，设计了基于泊松回归的贝叶斯处理方法，在模型的线性权重上引入了先验分布，解决了与离散计数不匹配的实值输出的限制。Olmschenk 等人[62]使用生成对抗网络（GAN）仅使用小批量数据进行人群计数，在半监督学习中，对生成对抗网络目标进行修改，使其能够训练无标签数据，减少训练网络所需的训练样本的数量，同时仍能达到给定精度。

基于回归人群密度图的计数算法，首先学习输入图像的特征，其次通过回归算法，将输入图像映射至人群密度图，进行计数时，对模型输出的人群密度图中的各个素点的数值进行累加计算，即可获得人群计数结果。为解决跨场景进行人群计数时，模型性能下降严重的问题，Zhang 等人[63]提出了一种深度卷积神经网络，将其命名为 Crowd-CNN，以人群密度与人群数量作为模型的学习目标，通过切换学习目标，对网络模型进行训练，能够找到更好的局部最优解；同时为了加强模型对于场景的鲁棒性，通过数据驱动方式针对实际目标场景对模型进行参数微调训练。Vishwanath 等人[64]提出了一种基于金字塔网络的上下文语义提取网络（CP-CNN），通过融合人群图像特征的全局信息和局部上下文信息，获得高质量的人群密度图和准确的人群估计结果，其中，CP-CNN 由全局上下文语义估计器（GCE）、局部上下文语义估计器（LCE）、密度图估计器（DME）和特征融合模块（F-CNN）四部分构成，全局上下文语义估计器和局部上下文语义估计器分别用来对输入图像进行密度等级划分，密度图估计器对输入图像进行特征提取生成高维度特征图，使用融合卷积神经网络对前三部分的输出结果进行融合，从而生成高质量的人群密度图。Zhang 等人[65]针对由拍摄角度和拍摄距离不当造成的图像透视失真问题，提出了几何自适应高斯核的密度图生成方式，在输入图像的透视图未知的情况下，也能生成高质量的人群密度图。同时，使用了多列结构的卷积神经网络（MCNN）来学习图像特征信息，在每列卷积网络中，使用感受野尺寸不同的卷积核，增加网络模型对输入图像的人头尺度的鲁棒性，同时重新收集了人群图像并进行标签标注，并在新建数据集上对模型的有效性进行了验证。孟月波等人[66]提出了一种基于编码-解码的多尺度卷积神经网络，其中编码器包括多列卷积神经网络部分及膨胀空间金字塔池化部分，解码器对编码器的输出特征图上采样，对高层语义信息和底层特征信息进行融合，提高输出人群密度图的质量。郭瑞琴等人[67]针对人群计数算法问题，对 Inception-ResNet-A 模块进行了通道数优化，提出了 MSCNet 模型，模型包含 VGG16 和三个改进的 Inception-ResNet-A 模块，使用 Gradient Boosting 的训练方法，先将 MSCNet 训练至收敛，再增加一列去掉第一个 Inception-ResNet-A 模块的 MSCNet 网络，对两个网络的结果进行特征融合输出人群密度图，对新的两列网络进行训练，能够使网络获得更好的局部最优结果。

基于回归密度图的人群计数算法避免了由于人群遮挡或目标尺度小带来的误差损失，同时由于其全面利用了标签信息，使得神经网络能获得更多的特征信息，是目前研究人员用于解决人群计数问题所使用的主要工具。

4.2 CSRNet 算法

CSRNet 算法属于基于密度图预测的人群计数算法，基于密度图预测的人群计数算法是目前人群计数领域中主要研究的算法之一。基于密度图预测的计数算法在学习映射关系时，学习的是样本图片到对应人群密度图之间的映射关系，相比直接回归数字，回归人群密度图增加了对图片中人头和人头之间空间信息的学习，使神经网络能够学习到更多的特征信息，提高算法的实际表现。

4.2.1 特征提取网络

在一般的人群计数场景中，人头的尺寸往往会因距离摄像装置的远近而大小不一，在常见的计数模型中，为了增加网络模型对人头尺度的适应性，往往会设计多列卷积结构，通过多列卷积中大小不一的卷积核对样本图片进行特征的提取。但是，多列卷积的应用对于人群计数任务的适用性如何，还需要通过具体的定量实验进行实际的验证。对此，Li 等人[68]针对多列卷积网络结构，以 MCNN

中的网络结构为例，设计了对比实验。MCNN 为多列卷积网络结构，其中包括三列卷积核大小不同的卷积网络，其卷积核大小分别为 7×7、5×5、3×3，将其称为大、中、小三列卷积。在 ShanghaiTech A 数据集上，对 MCNN 的三列大、中、小卷积核的卷积网络分别单独进行了训练，在测试数据集中随机抽取了 50 个样本，将三列卷积网络的测试结果误差进行比较，误差如图 4-2 所示。从图中可以看出，三条曲线拥有非常相似的趋势，这说明三列大、中、小卷积核尺寸的卷积网络所学习到的特征非常相似，这并不符合使网络学习到更多样的特征信息的目的，与原本设计多列多尺度卷积网络的初衷相悖。同时，将三列卷积网络的误差同原 MCNN 网络和深度更深但参数更少的单列卷积网络相比较，结果见表4-1。通过对计数结果的 *MAE*（平均绝对误差）和 *RMSE*（均方根误差）进行对比，由表 4-1 可知，加深网络深度比使用多列多尺度卷积网络效果更好，且参数量相比多列卷积网络也要少得多，因此选择了更深的单列卷积网络作为前端特征提取网络。

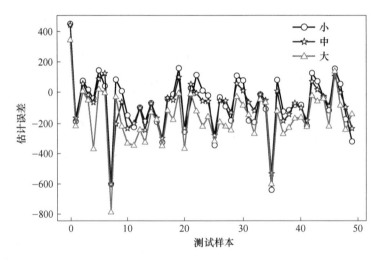

图 4-2　大、中、小卷积核卷积网络误差对比图

表 4-1　MCNN 及其单列网络误差对比

方法	参数	*MAE*	*RMSE*
Col. 1 of MCNN	57.75k	141.2	206.8
Col. 2 of MCNN	45.99k	160.5	239.0
Col. 3 of MCNN	25.14k	153.7	230.2
MCNN	127.68k	110.2	185.9
Deeper CNN	83.84k	93.0	142.2

　　根据如上实验结果及分析，CSRNet 采用了具有更强的迁移学习能力的 VGG16 作为其前端特征提取网络。VGG16 网络包含 13 层卷积层和 4 层池化层，经过 4 层池化层后，特征图尺寸将变为输入的 1/16，但针对基于密度图预测的人群计数任务，需要将最后输出上采样到输入尺寸，过小尺寸的特征图输出会导致预测人群密度图的质量不高。因此，在网络深度和池化次数的权衡博弈之后，对 VGG16 原网络进行裁剪，去掉全连接层和分类层，仅保留 VGG16 的前 10 层卷积层和前 3 层池化层，具体网络结构见表 4-2。

表 4-2　CSRNet 前端网络结构

网络层名称	卷积核尺寸	步长	卷积核数量
输入层	—	—	—
卷积层	3×3	1	64
卷积层	3×3	1	64
最大池化层	2×2	2	—
卷积层	3×3	1	128
卷积层	3×3	1	128
最大池化层	2×2	2	—
卷积层	3×3	1	256
卷积层	3×3	1	256
卷积层	3×3	1	256
最大池化层	2×2	2	—
卷积层	3×3	1	512
卷积层	3×3	1	512
卷积层	3×3	1	512

　　以往的基于预测密度图的人群计数算法在进行网络升维、特征学习后，直接连接一层 1×1 的卷积层作为输出层。这样的做法导致特征图维度在特征提取最后一层卷积网络和输出层间骤降，没有缓冲的维度变化会使得网络表现很差。因此，CSRNet 增加了后端特征提取网络，通过增加和前端网络维度变换类似的后端维度递减的卷积网络，在前端网络和输出层之间形成缓冲网络。同时，由于前端特征提取网络进行了三层池化操作，输出的特征图尺寸变为原来的 1/8，很难

输出高质量的预测密度图。为此，CSRNet 在后端特征提取网络中应用了膨胀卷积。

在后端网络中应用膨胀卷积的作用，是使卷积网络即使不通过池化下采样，即在不改变特征图尺寸的同时，也能拥有更大的感受野。虽然通过池化、卷积和上采样，同样能输出和输入尺度相同的特征图，但是这样操作既增加了数据计算量，同时也使得训练网络更为复杂。所以，CSRNet 选择使用膨胀卷积进行后端特征提取网络的构建，以生成高质量的人群分布密度图。其中，定义二维膨胀卷积见式（4-1）。

$$y(m, n) = \sum_{i=1}^{M} \sum_{j=1}^{N} x(m + r \times i, n + r \times j) w(i, j) \tag{4-1}$$

式中　　$y(m, n)$——膨胀卷积的输出特征矩阵；

$x(m, n)$——输入特征矩阵；

M——输入矩阵的长；

N——输入矩阵的宽；

$w(i, j)$——卷积核；

r——膨胀卷积的膨胀率。

以 3×3 大小的卷积核为例，图 4-3 展示了膨胀率为 1、2、3 的卷积核感受野尺寸。当膨胀率为 1 时，其感受野大小为 3×3；当膨胀率为 2 时，其感受野被扩大为 5×5；当膨胀率为 3 时，其感受野扩大为 7×7。一个膨胀率为 r 的膨胀卷积，$K \times K$ 大小的卷积核的感受野边长会由 K 扩大为 $K + (K - 1)(r - 1)$。

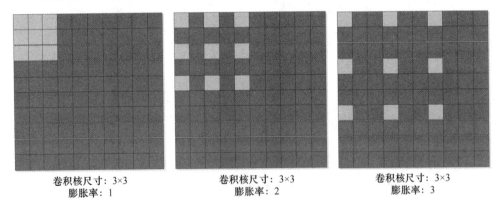

卷积核尺寸：3×3　　　　　　卷积核尺寸：3×3　　　　　　卷积核尺寸：3×3
膨胀率：1　　　　　　　　　膨胀率：2　　　　　　　　　膨胀率：3

图 4-3　膨胀卷积感受野示意图

CSRNet 给出了四种不同膨胀率的后端膨胀卷积网络结构见表 4-3。其中，分别设计了膨胀率为 1、2、2 和 4、4 的四种膨胀卷积网络结构。在 ShanghaiTech A 数据集上进行了测试，测试结果见表 4-4，实验结果表明，膨胀率为 2 时，网络性能最好。

表 4-3 后端特征提取网络

后端特征提取网络			
conv3-512-1	conv3-512-2	conv3-512-2	conv3-512-4
conv3-512-1	conv3-512-2	conv3-512-2	conv3-512-4
conv3-512-1	conv3-512-2	conv3-512-2	conv3-512-4
conv3-256-1	conv3-256-2	conv3-256-4	conv3-256-4
conv3-128-1	conv3-128-2	conv3-128-4	conv3-128-4
conv3-64-1	conv3-64-2	conv3-64-4	conv3-64-4
conv1-1-1	conv1-1-1	conv1-1-1	conv1-1-1

表 4-4 四种膨胀卷积结构的测试结果

结构	膨胀率	MAE	RMSE
A	1	69.7	116
B	2	68.2	115
C	2, 4	71.91	120.58
D	4	75.81	120.82

4.2.2 损失函数和评价指标设置

选择欧式距离作为网络训练的损失函数, 用来衡量算法生成的密度图与真实密度图之间的差异, 见式 (4-2)。

$$L(\theta) = \frac{1}{2N} \sum_{i=1}^{N} \| Z(X_i; \theta) - Z_i^{GT} \|_2^2 \qquad (4-2)$$

式中　　N——一次训练中选取的样本数;

$\quad X_i$——输入的样本图片;

$\quad \theta$——网络权重;

$Z(X_i; \theta)$——本书提出的网络输出的密度图;

$\quad Z_i^{GT}$——输入的样本图片所对应的真实密度图。

为了定量评估模型的性能, 本书采用平均绝对误差 MAE 和均方根误差 RMSE 作为模型的评价指标, 其中, MAE 用来衡量模型的计数误差, RMSE 用来衡量模型的稳定性, 其计算公式见式 (4-3)、式 (4-4)。

$$RMSE = \sqrt{\frac{1}{N} \sum_{i=1}^{N} | C_i - C_i^{GT} |^2} \qquad (4-3)$$

$$MAE = \frac{1}{N} \sum_{i=1}^{N} | C_i - C_i^{GT} | \qquad (4-4)$$

式中 N——单个训练批次中训练样本的总数；

　　　　C_i——训练样本中第 i 个样本图片的人数估计结果；

　　　　C_i^{GT}——第 i 个样本图片的真实人数。

其中，C_i 通过对预测密度图中的所有像素点的值进行行求和计算得出，见式 (4-5)。

$$C_i = \sum_{j=1}^{W} \sum_{i=1}^{L} x(i, j) \tag{4-5}$$

式中 L，W——分别预测密度图的长和宽；

　　　　$x(i, j)$——对应预测密度图第 i 行第 j 列的像素点的值。

4.3　基于 CSRNet 的交通人群计数

4.3.1　特征提取网络

CSRNet 特征提取网络包括前端网络和后端网络两部分，如图 4-4 所示。前端网络包括 VGG16 的前十层卷积层和前三层池化层，后端网络包含六层膨胀卷积层，其中膨胀率全为 2。假设输入图片尺寸为 224×224×3，经过前端网络升维提取特征后，输出特征图尺寸变为 28×28×512，特征图进入后端网络，经过六层膨胀卷积降维提取特征后，尺寸变为 28×28×64，最后经过一层卷积核大小为 1 的卷积层，最终输出 28×28×1 的预测人群密度图结果。膨胀卷积的加入使得后端网络中的卷积核能够获得更大的感受野，从而学习到更多的图片特征，使得网络具有更高的性能表现，同时，膨胀卷积的加入并未增加网络整体的计算量。

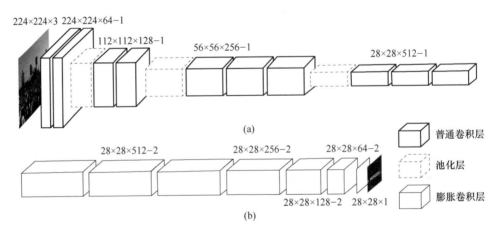

图 4-4　CSRNet 网络结构

(a) 前端网络；(b) 后端网络

4.3.2 真实密度图的生成

对卷积神经网络来说，决定网络性能的主要因素包括网络整体结构和输入样本数据的质量。对于基于密度图预测的计数算法来说，由于其输入数据为样本图片和其对应的真实密度图。网络训练完成后的最终表现与真实密度图的质量有很大关系，因此，在生成图片对应的真实密度图时，应该尽量生成更高质量的人群密度图，以使网络能够学习到更优秀的特征信息，从而增加网络的性能表现。目前的人群计数公共数据集包含的标签信息为图片中人头标点的坐标矩阵。要生成样本图片对应的真实密度图，就需要对数据集进行预处理，将离散的坐标点转换为真实密度图，并且转化的人群密度图越接近人群密度的真实分布，算法的性能就越好。

本书选择 Zhang 等人[65]提出的真实密度图生成方式，采用脉冲函数卷积高斯核的方式。用 x_i 表示图像中一个人头标注像素点，则其对应的脉冲函数方程式可表示为 $\delta(x - x_i)$，则一个拥有 N 个人头标注点的图片可以用式（4-6）表示。

$$H(x) = \sum_{i=1}^{N} \delta(x - x_i) \tag{4-6}$$

通过将得到的人头标注方程与高斯核进行卷积操作，利用高斯核将脉冲函数扩散为高斯分布函数，然后对同一人头标注点的所有高斯分布函数进行叠加，就可以得到一个图像，这个图像就是样本图片对应的真实人群密度分布图；同时为了解决摄像机拍摄图片时存在的透视失真问题，使用自适应高斯核完成这一计算过程。假设在每个人头周围，人群的分布近似均匀，那么每个人头标点和与它临近的人头标点的平均距离即可作为透视失真的近似估计，人头标点 x_i 和与之相邻的 m 个人头标点的距离可表示为 $\{d_1^i, d_2^i, \cdots, d_m^i\}$。那么，平均距离可用式（4-7）表示，连续的密度方程可用式（4-8）表示。

$$\bar{d}^i = \frac{1}{m} \sum_{j=1}^{m} d_j^i \tag{4-7}$$

$$F(x) = \sum_{i=1}^{N} \delta(x - x_i) \cdot G_{\sigma_i}(x), \quad \sigma_i = \beta \bar{d}^i \tag{4-8}$$

本书参考 Zhang 等人[65]的实验结果，将参数 β 设置为 0.3。通过这样的一系列操作，将数据集中离散的人头标点数据转换为高斯分布，将人头标签的数量转换为高斯函数值的叠加，不仅生成了高质量的密度图，同时也有利于计算图像的人群数量，密度图生成程序如下。

```python
import h5py
import scipy. io as io
import PIL. Image as Image
import numpy as np
import os
import glob
from matplotlib import pyplot as plt
from scipy. ndimage. filters import gaussian_filter
import scipy
import json
from matplotlib import cm as CM
from image import *
import torch


def gaussian_filter_density (gt):
    print (gt. shape)
    density = np. zeros (gt. shape, dtype = np. float32)
    gt_count = np. count_nonzero (gt)
    if gt_count == 0:
        return density

    pts = np. array (list (zip (np. nonzero (gt) [1], np. nonzero (gt) [0])))
    leafsize = 2048
    # build kdtree
    tree = scipy. spatial. KDTree (pts. copy (), leafsize = leafsize)
    # query kdtree
    distances, locations = tree. query (pts, k = 4)

    print ('generate density...')
    for i, pt in enumerate (pts):
        pt2d = np. zeros (gt. shape, dtype = np. float32)
        pt2d [pt [1], pt [0]] = 1.
        if gt_count > 1:
            sigma = (distances [i] [1] + distances [i] [2] + distances [i] [3]) * 0.3
        else:
            sigma = np. average (np. array (gt. shape)) / 2. / 2. #case: 1 point
        density += scipy. ndimage. filters. gaussian_filter (pt2d, sigma, mode = 'constant')
    print ('done.')
    return density
```

root=′E：/crowd-counting/datasets/ShanghaiTech/′

part_A_train=os. path. join（root,′part_A_final/train_data′,′images′）
part_A_test=os. path. join（root,′part_A_final/test_data′,′images′）
part_B_train=os. path. join（root,′part_B_final/train_data′,′images′）
part_B_test=os. path. join（root,′part_B_final/test_data′,′images′）
#now generate the ShanghaiB′s ground truth
path_sets=［part_A_train, part_A_test］

img_paths=［］
for path in path_sets：
    for img_path in glob. glob（os. path. join（path,′＊. jpg′））：
        img_paths. append（img_path）
for img_path in img_paths：
    print（img_path）
    mat=io. loadmat（img_path. replace（′. jpg′,′. mat′）. replace（′images′,′ground_truth′）. replace（′IMG_′,′GT_IMG_′））
    img=plt. imread（img_path）
    k=np. zeros（（img. shape［0］, img. shape［1］））
    gt=mat［″image_info″］［0, 0］［0, 0］［0］
    for i in range（0, len（gt））：
        if int（gt［i］［1］）<img. shape［0］and int（gt［i］［0］）<img. shape［1］：
            k［int（gt［i］［1］）, int（gt［i］［0］）］=1
    k=gaussian_filter_density（k）
    with h5py. File（img_path. replace（′. jpg′,′. h5′）. replace（′images′,′ground_truth′）,′w′）as hf：
        hf［′density′］=k

print（′ALL DONE′）

　　运行代码后，即可得到生成的真实密度图，代码通过循环操作，将通过人头标点标签生成数据集中所有样本图片的真实密度图，得到的真实密度图标签可视化，其结果示例如图 4-5 所示，很明显，从左到右，四幅图呈现出的密集性程度越来越低，即左边两图人群的分布密集，右边两图人群的分布渐稀疏。

4.3.3　数据集

　　前面提及的 Zhang 等人提出的 ShanghaiTech 数据集，包含 A 和 B 两个数据集，一共 1198 张图片样本，330165 个人头标记。其中，A 数据集为密集人群数据集，其样本图片人数分布从几百到几千人不等，样本图片中人头尺度差异程度较大，目标遮挡严重，人群区域基本呈封闭形状。其包含 482 张来自互联网的密

图 4-5 密度图生成结果示例

集场景下的图片样本。其中，训练数据集包含 300 张图片，测试数据集包含 182 张图片。B 数据集为稀疏人群数据集，其样本图片人数集中在 200 人以下，图片样本采集的背景更加多样化。相比 A 数据集，B 数据集的背景噪声更大。其包含 716 张图片样本，其中，训练数据集包含 400 张图片，测试数据集包含 316 张图片。

4.4 交通人群计数算法实战

4.4.1 模型训练

CSRNet 的代码主要是参考 CSRNet 论文中的开源代码，文件结构如图 4-6 所示。

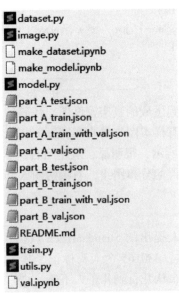

图 4-6 代码文件结构

在 github 网站下载应程序包后，首先为方便后面的程序操作，需要将文件中的 .ipynb 文件转换格式保存为 .py 文件，方便在程序命令行直接运行。转换方式为首先解压文件，打开"Jupyter Notebook"，在"Jupyter Notebook"中打开 .ipynb 文件，通过其"另存为"功能将文件另存为 .py 文件。

训练方法如下：

（1）将下载好的 ShanghaiTech 数据集解压并放入项目文件中，并进行路径修改；

（2）提前下载好对应的预训练权重，CSRNet 算法使用 VGG16 作为主干网络，下载该模型的预训练权重；

（3）运行 make_dataset.py 文件，生成图片样本对应的真实密度图标签；

（4）在命令行窗口运行"python train.py train.json val.json 0 0"命令进行模型的训练，训练过程中，只会保存最后训练的模型和误差最低的模型。

训练开始后，模型开始读入数据集中样本进行训练，输出对应的损失值，并且每训练完成一个周期，模型进行一次验证集测试。部分代码如下。

```
def train (train_list, model, criterion, optimizer, epoch):
    losses = AverageMeter ()
    batch_time = AverageMeter ()
    data_time = AverageMeter ()
    train_loader = torch.utils.data.DataLoader (
        dataset.listDataset (train_list,
                        shuffle = True,
                        transform = transforms.Compose ([
                        transforms.ToTensor (), transforms.Normalize (
                            mean = [0.485, 0.456, 0.406],
                            std = [0.229, 0.224, 0.225]), ]),
                        train = True,
                        seen = model.seen,
                        batch_size = args.batch_size,
                        num_workers = args.workers),
            batch_size = args.batch_size)
    print ('epoch % d, processed % d samples, lr % .10f' % (epoch, epoch * len (train_loader.dataset), args.lr))
```

```
model. train ( )
end = time. time ( )


for i, (img, target) in enumerate (train_loader):
    data_time. update (time. time ( ) −end)
    img = img. cuda ( )
    img = Variable (img)
    output = model (img)
    target = target. type (torch. FloatTensor) . unsqueeze (0) . cuda ( )
    target = Variable (target)
    loss = criterion (output, target)
    losses. update (loss. item ( ), img. size (0))
    optimizer. zero_grad ( )
    loss. backward ( )
    optimizer. step ( )
    batch_time. update (time. time ( ) −end)
    end = time. time ( )
    if i % args. print_freq = = 0:
        print ('Epoch: [ {0} ] [ {1} / {2} ] \ t'
            'Time {batch_time. val: . 3f} ( {batch_time. avg: . 3f} ) \ t'
            'Data {data_time. val: . 3f} ( {data_time. avg: . 3f} ) \ t'
            'Loss {loss. val: . 4f} ( {loss. avg: . 4f} ) \ t'
            . format (
            epoch, i, len (train_loader), batch_time = batch_time,
            data_time = data_time, loss = losses))
```

由于 CSRNet 使用的是迁移学习的训练方式，迁移学习利用了模型在目标检测数据集中的训练权重，获得了更好的学习起点。但因为人群计数任务和目标检测任务还是具有一定的差别，因此，训练时间虽然相比未使用预训练模型要短，但仍需要一定时间进行训练学习。

4. 4. 2 模型测试

模型的测试文件为 val. py 文件，文件中包含了对模型的测试程序，部分程序如下。

```
import h5py
import scipy. io as io
import PIL. Image as Image
import numpy as np
import os
import glob
from matplotlib import pyplot as plt
from scipy. ndimage. filters import gaussian_filter
import scipy
import json
import torchvision. transforms. functional as F
from matplotlib import cm as CM
from image import *
from vggdense import CSRNet
import torch
from torchvision import datasets, transforms
from time import *
begin_time = time ( )
transform = transforms. Compose ( [ transforms. ToTensor ( ), transforms. Normalize ( mean =
[0. 485, 0. 456, 0. 406], std = [0. 229, 0. 224, 0. 225]),])
os. environ [ "CUDA_VISIBLE_DEVICES" ] = "1"
img_paths = [ ]
for path in path_sets:
    for img_path in glob. glob ( os. path. join ( path, '*. jpg')):
        img_paths. append ( img_path)
        # print ( img_path)


model = CSRNet ( )
model = model. cuda ( )
checkpoint = torch. load ( '/ai309/309/GHQ/crowd - counting/algorithm/CSRNet/CSRNet - pytorch -
master/vggdenseWE10t5model_best. pth. tar')
model. load_state_dict ( checkpoint [ 'state_dict'])
```

图 4-7 所示为模型在 ShanghaiTech A 和 ShanghaiTech B 数据集上的测试结果。其中，第一行依次是 ShanghaiTech A 数据集的样本图片、真实密度图和预测

密度图，图片真实人数为 491 人，模型估计人数为 475 人。第二行依次是 Shang-haiTech B 数据集的样本图片、真实密度图和预测密度图，图片真实人数为 181 人，模型估计人数为 173 人。

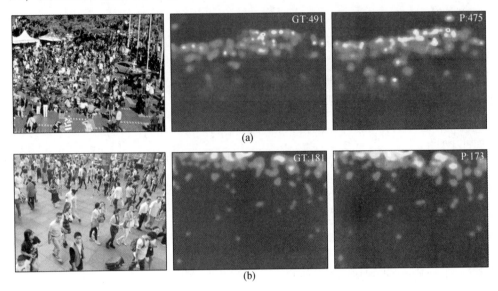

图 4-7　人群计数测试结果

（a）Shanghai Tech A 数据集测试结果；（b）Shanghai Tech B 数据集测试结果

5 基于 SSD 交通标志检测识别

5.1 交通标志检测识别

本章主要结合交通标志检测识别案例，来了解目标检测中的 SSD 算法。随着经济的发展和科技水平的提高，人类开始逐步解放双手，提高生活质量，自动驾驶就是最直接的体现；另外，车辆的剧增和人们驾驶不当使得交通事故增加，促进了自动驾驶的发展。在自动驾驶中，交通标志的检测识别是主要任务之一，本章将基于 SSD 算法实现交通标志的检测识别，了解目标检测的基本思想，学习 SSD 目标检测算法的基本思想和代码的实现。通过本章可以大致地了解交通标志检测识别的现状及研究所遇到的问题，掌握 SSD 算法的核心思想。

5.1.1 交通标志检测识别的意义

随着经济的快速发展，我国汽车保有量急速增加。尽管汽车的普及使交通变得十分便利，人们节省了很多出行时间，但是汽车数量的激增不可避免地导致了一系列问题，如交通拥堵、交通事故和环境污染等。根据我国国家统计局统计[69]，每年发生交通事故多达 30 万起，导致死亡的人数超过 6 万人，造成的经济损失多达数百亿元。驾驶员的疏忽行为是造成这些交通事故的主要原因之一，某些驾驶员在驾驶过程中忽视交通标志的规定而违反交通规则，他们的主要违规行为包括疏忽大意、超速行驶、措施不当和违规超车等，这些违规行为很可能导致交通事故。

近年来，许多国家设计了智能交通系统（Intelligent Transportation System，ITS)[70]，用于协调道路和公共交通网络管理，以解决现有的交通问题。ITS 是信息和通信技术与运输基础设施、车辆和用户的集成，能够实时、准确和高效率地进行协调管理。驾驶员可以通过 ITS 获取实时详细路况信息，从而帮助他们更新行车路线和时间表。ITS 将信号的等待时间减少了 20%～30%，并将旅行时间减少了 25%，提高了公共交通的效率，减少运输成本，解决了交通拥堵问题并减少了二氧化碳排放。交通标志识别在智能交通系统中发挥着重要的作用，其功能是实时获取和分析道路上的交通标志，并提示驾驶员当前的道路状况，从而辅助驾驶员驾驶保证驾驶安全，同时也能给 ITS 提供决策信息。

随着 5G 网络兴起和人工智能技术的进步，交通行业有望出现全新的突破和进展。近年来互联网和自动车辆技术飞速发展，无人驾驶汽车不只是未来概念，它是一种能够感知环境并且无需人工干预即可行驶的车辆。目前无人驾驶汽车在世界各地开始进行测试。百度公司推出了 Apollo 无人驾驶汽车[71]，这是一款不需要驾驶员控制的汽车。安装在车上不停旋转的摄像头和各类传感器全面地采集道路信息，根据采集的道路信息进行自动识别交通标志牌和道路上的障碍。无人驾驶汽车通过分析交通标志传递的信息，从而决定汽车行驶状态。自动识别交通标志在其中扮演了重要角色。

5.1.2 研究现状分析

交通标志识别主要判断图像中交通标志的类别，是一个复杂的多类分类问题。常用的方法有模板匹配方法、机器学习方法和卷积神经网络方法。

（1）模板匹配法。模板匹配方法广泛地运用在模式识别领域中，是一种常用的方法。张国山等人[72]将 RGB 颜色空间转为 HSV 空间，对 S 通道的图像进行边缘检测，根据计算出来的圆形度、矩形度定位交通标识所在的区域，根据交通标志牌的颜色、形状进行初步分类，再经过模板匹配进行具体读取信息。实验表明该方法对雾霾等恶劣天气环境下的交通标志检测能力有明显的提高。冯春贵等人[73]对限速交通标志的直观形象抽取特征，结合边缘模板匹配的方法，用于识别限速标志。实验结果表明，其提出基于改进传统模型匹配算法的方法对限速标志的识别正确率提高 14.29%。谷明琴等人[74]结合二元树复小波变换和二维独立分量分析提取特征，用最近邻分类器分类，同时提取交通标志的内部图形，用模板匹配进行分类，将两个结果融合输出，利用该方法，整体识别率超过 91%。

模板匹配方法只有在图像中的交通标志能和模板很好地对齐的情况下有效，然而在交通标志被遮挡、旋转或大小变化的情况下，该方法就会无效。

（2）机器学习法。传统的交通标志识别算法通常是基于手动设计特征提取和机器学习结合的方法。手动设计特征提取方法主要包括 HOG、SIFT、LBP 等。传统的分类器包括 SVM、Random Forest、AdaBoost 算法等。王斌等人[75]基于 TSD 算法，设计了一种颜色增强下的最大稳定极值区域（MSER）方法。该方法首先依据交通标志的颜色特性，对交通标志的颜色进行增强；其次，使用 MSER 特征提取出感兴趣的交通标志区域；最后，利用滑窗的方式遍历图像并基于支持向量机进行分类。Takaki 等人[76]利用 SIFT 算法进行交通标志识别，实验表明，在各种复杂环境条件下都能正确识别出 88.7% 的交通标志。常发亮等人[77]提出了一种基于高斯颜色模型和机器学习的快速交通标志检测算法，将图片转化成颜色直方图，利用高斯颜色模型分割，分割后进行形态学处理，提取出初步的交通标志候选区，最后利用 HOG 描述算子和支持向量机进行分类，有效地提高了检测的精度。童零晶[78]提出了基于视觉传达技术的交通标志识别方法，首先根据视觉传达技术对图像进行预处理，提高交通标志数据集的图片质量，提取特征采用机器学习中的支持向量机算法进行分类，提高准确率的同时提升了识别速度，具有较高的实际应用前景。王永平等人[79]基于 AdaBoost 算法获得红色像素，利用 Lab 颜色空间中聚类，提取图像的红色区域，然后采用基于梯度信息的 Hough 变换，从而实现一种交通标志的先验特征和机器学习相结合的智能检测方法，有效地解决了遮挡、变形、虚检等问题，提高了鲁棒性。

基于机器学习的交通标志识别方法容易受到不同手动设计特征的影响，识别准确率具有较大起伏，在实际应用中存在着很大的挑战。

（3）卷积神经网络法。近年来，卷积神经网络在计算机视觉领域展现出突破性的进展。其中陈昌川等人[80]基于 YOLO v2 算法思想，结合残差网络、卷积层填充等结构，舍弃下采样操作而采用卷积替换，并提取边缘信息，实验发现，准确率提高了 7.1%，每帧缩短了 9.51ms。陈秀新等人[81]针对雾霾环境下的交通标志检测，提出先通过 IRCNN 算法去雾，然后利用多通道卷积神经网络模型对去雾后的图像进行识别，在德国交通标志识别基准（GTSRB）数据集上准确率达100%。江金洪等人[82]基于 YOLO v3 目标检测算法，引入深度可分离卷积，极大地减少了模型参数，同时将广义交并比（$GIoU$）替换均方误差（MSE）损失，实验发现，mAP 提升了 6.6%，模型参数变为原来的 1/5，提高了检测速度和检测精度。邓涛等人[83]基于稠密网络，利用宽浅稠密网络提取特征，构建了全局平均池化分类，在测试数据集中实现了 99.68% 的准确率。

目前最优秀的基于卷积神经网络的算法对交通标志的识别率已经超过人眼识别的正确率，故本章选用该方法来实现交通标志的识别。

5.1.3 交通标志识别研究的关键技术

在深度学习领域，基于计算机视觉的研究受环境的影响非常大，训练得非常不错的一个模型，换一个环境可能效果就不尽人意。交通标志的检测识别也是如此，在室外的道路中，自然环境的变化非常大，例如天气（雨天、阴天等）、光照（白天、晚上）等，对交通标志的识别具有很大的影响。另外交通标志自身的遮挡和损坏等，也是影响识别精度的因素。在实际的运用当中，摄像头采集数据的影响也是非常大的，摄像头的分辨率过低，采集到的图片质量差、模糊不清，城市道路环境复杂，背景干扰大。这些因素都是影响交通标志检测识别准确率的因素，想要在交通标志识别的研究上有新的突破，这些因素的处理就是关键，如何降低这些因素对交通标志检测识别的影响是值得学者研究的。

5.2 SSD 算法

SSD 网络是继 YOLO 之后的 one-stage 的目标检测算法，针对 YOLO 算法中锚点设计得过于粗糙而设计出多尺度多长宽比的密集锚点宽。SSD 是一种使用单个深度神经网络检测目标的方法。它将边界框输出空间离散化为每个特征图位置下的具有不同纵横比和尺度的一组默认框。预测时，网络为每个默认框生成各目标类出现在该框的概率，并调整默认框更好地匹配目标形状，同时网络结合不同大小的特征图来处理不同大小的目标。没有生成候选区域的过程，极大地提高了检测的速度。其主要的贡献是网络能够进行端到端的训练，从不同尺度特征图中产生不同尺度预测，并按照纵横比将预测分开，即使在输入分辨率较低的情况下也能获得较高的精度。对于 300×300 的输入，SSD 在 Nvidia Titan X 上以 59FPS 进行 VOC2007 测试时 *mAP* 达到 74.3%，对于 512×512 的输入，SSD 的 *mAP* 达到 76.9%，优于同类最先进的 Faster R-CNN 模型。

5.2.1 SSD 网络结构

SSD 网络是 2016 年发表在 ECCV 上经典的端到端目标检测算法，其网络结构如图 5-1 所示，以 VGG16 为特征提取主干网络。使用 6 个不同尺寸的特征图，VGG16 网络中的 conv4_3 层作为第一个特征层，将 VGG16 的第 5 个池化层的内核改为 3×3-s1，fc6 改为 3×3×1024 的卷积，fc7 改为 1×1×1024 的卷积，得到 conv7 第二个特征层；接 1×1×256 和 3×3×512-s2 的卷积，得到 conv8_2 第三个特征层；后接 1×1×128 和 3×3×256-s2 的卷积，得到 conv9_2 第四个特征层；后接 1×1×128 和 3×3×256-s1 的卷积，得到 conv10_2 第五个特征层；后接 1×1×128 和 3×3×256-s1 的卷积，得到 conv11_2 第六个特征层。将 6 个不同尺度的特征层分别输入到位置预测和类别预测层中，再将预测的结果通过 NMS 算法后得到最终的预测结果。

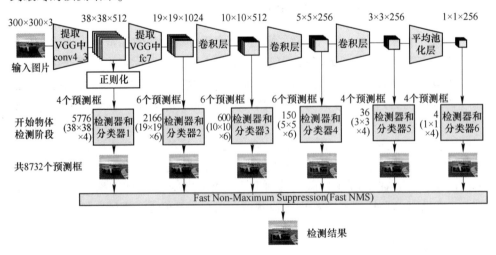

图 5-1　SSD 网络结构图

5.2.1.1 主干网络

主干网络选取 VGG16，VGG16 网络结构如图 5-2 所示，输入分辨率为 224×224 像素的 RGB 图像进入卷积。在结束卷积操作后，对输入数据批量归一处理，作用是将离散的特征信息强制服从（0，1）的正态分布，加速训练收敛。最后进入池化层，逐渐忽略局部特征信息。重复 4 轮以上操作，特征信息进入全连接层，将包含有局部信息的特征图，包括特征图的高、宽、通道数全部映射到 4096维度，在输出层使用 1000 个神经元，配合 Softmax 分类器进行精确分类。VGG16网络结构中，卷积层均采用 3×3 卷积核，步长为 1，填充方式为 SAME，使每一个卷积层与前一层保持相同的宽和高。池化层均采用 2×2 池化核，填充方式为SAME，激励函数为 ReLU。其代码如下。

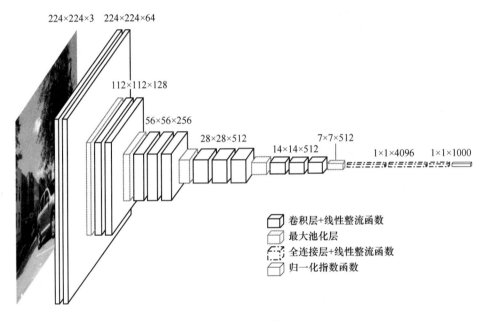

图 5-2 VGG16 网络图

```
import torch. nn as nn
import torch

class VGG（nn. Module）：
    def __init__（self, features, num_classes=1000, init_weights=False）：
        super（VGG, self）.__init__（）
        self. features=features
        self. classifier=nn. Sequential（
```

```
                nn. Linear (512 * 7 * 7, 4096),
                nn. ReLU (True),
                nn. Dropout (p=0. 5),
                nn. Linear (4096, 4096),
                nn. ReLU (True),
                nn. Dropout (p=0. 5),
                nn. Linear (4096, num_classes)
            )
            if init_weights:
                self._initialize_weights ()
        def forward (self, x):
            # N x 3 x 224 x 224
            x=self. features (x)
            # N x 512 x 7 x 7
            x=torch. flatten (x, start_dim=1)     #展平处理
            # N x 512 * 7 * 7
            x=self. classifier (x)
            return x
        def _initialize_weights (self):
            for m in self. modules ():
                if isinstance (m, nn. Conv2d):
                    # nn. init. kaiming_normal_ (m. weight, mode='fan_out', nonlinearity='relu')
                    nn. init. xavier_uniform_ (m. weight)
                    if m. bias is not None:
                        nn. init. constant_ (m. bias, 0)
                elif isinstance (m, nn. Linear):
                    nn. init. xavier_uniform_ (m. weight)
                    # nn. init. normal_ (m. weight, 0, 0. 01)
                    nn. init. constant_ (m. bias, 0)
def make_features (cfg: list):
    layers= []
    in_channels=3
    for v in cfg:
        if v=="M":
            layers+= [nn. MaxPool2d (kernel_size=3, stride=2, padding=1)]
        else:
            conv2d=nn. Conv2d (in_channels, v, kernel_size=3, padding=1)
            layers+= [conv2d, nn. ReLU (True)]
            in_channels=v
```

```
    return nn. Sequential（＊layers）      # ＊代表非关键字参数
cfgs = ｛
    'vgg11'：[64, 'M', 128, 'M', 256, 256, 'M', 512, 512, 'M', 512, 512, 'M'],
    'vgg13'：[64, 64, 'M', 128, 128, 'M', 256, 256, 'M', 512, 512, 'M', 512, 512, 'M'],
    'vgg16'：[64, 64, 'M', 128, 128, 'M', 256, 256, 256, 'M', 512, 512, 512, 'M', 512, 512,
512, 'M'],
    'vgg19'：[64, 64, 'M', 128, 128, 'M', 256, 256, 256, 256, 'M', 512, 512, 512, 512, 'M',
512, 512, 512, 512, 'M'],
｝
def vgg（model_name=" vgg16", ＊＊kwargs）：       # ＊＊kwargs 表示可变长度字典
    assert model_name in cfgs, "Warning: model number ｛｝ not in cfgs dict!" . format（model_name）
    cfg=cfgs [model_name]
    model=VGG（make_features（cfg），＊＊kwargs）
    return model
```

5.2.1.2 NMS

NMS 即非极大值抑制，抑制不是极大值的元素，搜索局部的极大值。图片输入算法后，经过一系列卷积、池化操作会生成大量的预选框，对这些预选框首先经过置信度过滤，将小于置信度阈值的预选框剔除，然后输出到 NMS 中，进行非极大值抑制操作，剩余的预选框经过 NMS 算法后，选择出置信度高的最终框。具体过程如下：

（1）假设通过算法预测得到 5 个矩形框，分别是根据分类器预测的得分从大到小排列得到 A、B、C、D、E，如图 5-3 所示。

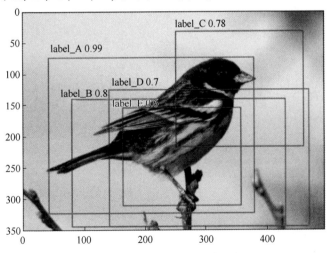

图 5-3　NMS 前的预选框图

（2）从概率最大的 A 开始，分别判断 B、C、D、E 与 A 的 *IoU* 是否大于给定的阈值。

（3）假设 B、D 与 A 的重叠度超过阈值，那么就扔掉 B、D；并标记第一个矩形框 A，保留下来。

（4）从剩下的矩形框 C、E 中，选择概率最大的 C，然后判断 C 与 E 的重叠度，重叠度大于一定的阈值，那么就扔掉；并标记 C 是保留下来的第二个矩形框。

（5）这样通过非极大值一致就得到了 A、C 两个框，如图 5-4 所示。

图 5-4　NMS 后的最终框图

NMS 的代码逻辑实现如下（其中，boxes 表示所有预测框，scores 表示预测框的置信度，overlap 表示 iou 阈值，top_k 表示最终取多少个预测框进行 NMS 操作）。

```
def nms（boxes, scores, overlap=0.5, top_k=200）:
    keep=scores.new（scores.size（0））.zero_（）.long（）
    if boxes.numel（）==0:
        return keep
    x1=boxes［:, 0］
    y1=boxes［:, 1］
    x2=boxes［:, 2］
    y2=boxes［:, 3］
    area=torch.mul（x2-x1, y2-y1）
    v, idx=scores.sort（0）
    idx=idx［-top_k:］
    xx1=boxes.new（）
```

```
yy1 = boxes. new ( )
xx2 = boxes. new ( )
yy2 = boxes. new ( )
w = boxes. new ( )
h = boxes. new ( )


count = 0
while idx. numel ( ) >0：
    i = idx [-1]
    keep [count] =i
    count+= 1
    if idx. size (0) == 1：
        break
    idx = idx [: -1]
    torch. index_select (x1, 0, idx, out=xx1)
    torch. index_select (y1, 0, idx, out=yy1)
    torch. index_select (x2, 0, idx, out=xx2)
    torch. index_select (y2, 0, idx, out=yy2)
    xx1 = torch. clamp (xx1, min=x1 [i])
    yy1 = torch. clamp (yy1, min=y1 [i])
    xx2 = torch. clamp (xx2, max=x2 [i])
    yy2 = torch. clamp (yy2, max=y2 [i])
    w. resize_as_ (xx2)
    h. resize_as_ (yy2)
    w = xx2 - xx1
    h = yy2 - yy1
    w = torch. clamp (w, min=0. 0)
    h = torch. clamp (h, min=0. 0)
    inter = w * h
    rem_areas = torch. index_select (area, 0, idx)
    union = (rem_areas - inter) + area [i]
    IoU = inter/union
    idx = idx [IoU. le (overlap)]
return keep, count
```

5.2.2 锚点设置

对于 SSD 锚点框的设置，不同的特征层对应的默认框及框的比例不同，默认框的数量也不同，这与 YOLO 系列的锚点框有很大的区别，具体见表 5-1。

表 5-1 SSD 锚点框设置

特征图	锚点框尺寸	默认框的数量
P1（38×38）	$21×\{1/2, 1, 2\}$；$\sqrt{21×45}$ $\{1\}$	38×38×4
P2（19×19）	$45×\{1/3, 1/2, 1, 2, 3\}$；$\sqrt{45×99}$ $\{1\}$	19×19×6
P3（10×10）	$99×\{1/3, 1/2, 1, 2, 3\}$；$\sqrt{99×153}$ $\{1\}$	10×10×6
P4（5×5）	$153×\{1/3, 1/2, 1, 2, 3\}$；$\sqrt{153×207}$ $\{1\}$	5×5×6
P5（3×3）	$207×\{1/2, 1, 2\}$；$\sqrt{207×261}$ $\{1\}$	3×3×4
P6（1×1）	$261×\{1/2, 1, 2\}$；$\sqrt{261×315}$ $\{1\}$	1×1×4

5.2.3 损失函数

SSD 的损失由两部分组成，一个是类别损失，一个定位损失，两个损失加权的和就是 SSD 的损失。具体公式如下：

$$L(x, c, l, g) = \frac{1}{N}\left[L_{conf}(x, c) + \alpha L_{loc}(x, l, g)\right] \qquad (5-1)$$

式中　　　N——匹配到的正样本的数量；

　$L_{conf}(x, c)$——类别损失；

$L_{loc}(x, l, g)$——定位损失；

　　　α——定位损失的权重。

定位损失是一个 Soomth L1 损失，和 Faster R-CNN 的损失类似。其过程公式如下：

$$L_{loc}(x, l, g) = \sum_{i \in Pos}^{N} \sum_{m \in \{cx, cy, w, h\}} x_{ij}^{k} smooth_{L1}(l_i^m - \hat{g}_j^m)$$

$$\hat{g}_j^{cx} = (g_j^{cx} - d_i^{cx})/d_i^w \quad \hat{g}_j^{cy} = (g_j^{cy} - d_i^{cy})/d_i^h \qquad (5-2)$$

$$\hat{g}_j^w = \log\left(\frac{g_j^w}{d_j^w}\right) \quad \hat{g}_j^h = \log\left(\frac{g_j^h}{d_j^h}\right)$$

类别损失是一个多类置信度下的 softmax 损失，其过程公式如下：

$$L_{conf}(x,\ c) = -\sum_{i \in Pos}^{N} x_{ij}^{p} \log(\hat{c}_{i}^{p}) - \sum_{i \in Neg}^{N} \log(\hat{c}_{i}^{0})$$

$$\hat{c}_{i}^{p} = \frac{\exp(c_{i}^{p})}{\sum_{p} \exp(c_{i}^{p})} \tag{5-3}$$

5.3 数据集

本书的数据集使用 TT100K。TT100K 由清华大学和腾讯公司公开发布，包含各种实际场景中不同角度的交通标志图像，涵盖有光照、天气和遮挡等各种复杂场景，具有注释完善的类别标签和边界框，常用于交通标志检测任务。该数据集有 9170 张 2048×2048 的图片，包含了 221 个类别，本书按 7∶3 的比例将数据集划分为训练集和测试集，分别有 6419 张训练集和 2751 张测试集，由于类别数量过多，分别统计了各类的数量，选取数据量较多的 45 类交通标志进行检测识别，分别是：i2、i4、i5、il100、il60、il80、io、ip、p10、p11、p12、p19、p23、p26、p27、p3、p5、p6、pg、ph4、ph4.5、ph5、pl100、pl120、pl20、pl30、pl40、pl5、pl50、pl60、pl70、pl80、pm20、pm30、pm55、pn、pne、po、pr40、w13、w32、w55、w57、w59、wo。数据清洗的代码如下（其中，type45 表示 45 个类别，读取 xml 文件，通过树状的方法查询到类别，如果这个类别在这 45 类中保留，否则，就删除这个节点，最后保存成 xml 文件）。

```
if__name__=='__main__':
        type45 = " i2, i4, i5, il100, il60, il80, io, ip, p10, p11, p12, p19, p23, p26,
p27, p3, p5, p6, pg, ph4, ph4.5, ph5, pl100, pl120, pl20, pl30, pl40, pl5, pl50, pl60,
pl70, pl80, pm20, pm30, pm55, pn, pne, po, pr40, w13, w32, w55, w57, w59, wo"
    type45=type45. split（','）
    classes=type45
    print（len（cla））
    file _ list = os. listdir（'/ai309/XXYKZ/code/darknet - master/VOCdevkit/VOC2007/Annota-
tions/'）
    print（len（file_list））
    for file in file_list：
        with  open（f'/ai309/XXYKZ/code/darknet - master/VOCdevkit/VOC2007/Annotations/
{file}'，encoding='GB2312'）as fid：
            xml_str=fid. read（）
        xml=etree. fromstring（xml_str）
        print（file）
        # print（xml）
        for child in xml：
```

```
        if child. tag = = 'object':
            # for i in child:
            print (child [0] . text)
            print (type (child [0] . text))
            if child [0] . text in classes:
                child. remove (child)
    #保存 xml 文件
        etree. ElementTree (xml). write (f'. /VOCdevkit/VOC2012/Annotations/ {file}',
pretty_ print = True, encoding = "utf-8")
```

清洗完后的 xml 文件保存在"Annotaion", 生成后的配置文件如图 5-5 所示, VOC 数据集将所有的数据图片存放于"JPEGImage"文件夹,"Annotations"存放有对应的 xml 文件, 每个 xml 文件是每张图片对应的标注信息, 标注信息包含了图片的路径信息、车牌的坐标左上角和右下角坐标、对应的类别信息和难例信息。"ImageSets"则是将数据集划分为训练、验证和测试三个部分。

名称 ∧	修改日期	类型	大小
Annotations	2021/5/20 17:22	文件夹	
ImageSets	2021/5/20 17:22	文件夹	
JPEGImages	2021/5/20 17:26	文件夹	
voc2ssd.py	2021/4/29 13:09	JetBrains PyChar...	2 KB

图 5-5　VOC 数据集格式

5.4　交通标志检测识别实战

5.4.1　实验环境

本书搭建的实验平台配置如下: Intel Core I5-8500 (3GHz) 的 CPU, 搭载 2 张 Tesla P100 显卡, Ubuntu 14. 04 的操作系统, Python 版本为 3.6.9, 深度学习框架及版本为 Pytorch1. 6. 0。

5.4.2　交通标志检测识别

SSD 的代码主要是参考 GitHub 中的开源代码, 文件结构如图 5-6 所示。

训练步骤如下:

(1) 数据集的准备。将之前准备好的"Annotations""ImageSets""JPEGImages"放置到 VOCdevkit/VOC2007 文件夹下。

修改 VOCdevkit/VOC2007 文件夹中 voc2ssd. py 的 trainval_ percent、train_ per-

```
▼ 📁 ssd-pytorch-master D:\d
   ▶ 📁 img
   ▶ 📁 logs
   ▶ 📁 model_data
   ▶ 📁 nets
   ▶ 📁 utils
   ▶ 📁 VOCdevkit
     📄 get_dr_txt.py
     📄 get_gt_txt.py
     📄 get_map.py
     📄 LICENSE
     📄 predict.py
     📄 prior.py
     📄 README.md
     📄 requirements.txt
     📄 ssd.py
     📄 summary.py
     📄 test.py
     📄 train.py
     📄 voc_annotation.py
     📄 常见问题汇总.md
```

图 5-6 代码结构

cent 参数，trainval_percent 是指 train 的比例。按所需的比例将数据集划分成 test、train、val、trainval 数据集并分别保存成 .txt 文件。生成的文件如图 5-7 所示。

图 5-7 代码结构

修改 voc_annotation.py 中的 classes，将 classses 换成前选的 45 类交通标志的名称，如图 5-8 所示。运行 voc_annotation.py 文件，会调用上一步生成的 test、train、val、trainval 数据集文件，最终生成 2007_train.txt、2007_test.txt、2007_val.txt，如图 5-9 所示。这些文件包含了图片的位置信息、类别信息、类别在图片中的位置信息。如图 5-10 所示，点划线框表示的图片的位置信息，虚线框表示的是类别在图片中的位置信息，实线框表示类别的索引号。这就生成了训练所需的所有数据。

```
sets  = [('2007', 'train'), ('2007', 'val'), ('2007','test')]
# classes _        = get_classes(classes_path)
classes = ['i2', 'i4', 'i5', 'il100', 'il60', 'il80', 'io','ip','p1
def convert_annotation(year, image_id, list_file):
    in_file = open(os.path.join(VOCdevkit_path, 'VOC%s/Annotations/
    tree=ET.parse(in_file)
    root = tree.getroot()
```

图 5-8 更改 classes 内容

▶ ▣ nets
▶ ▣ utils
▶ ▣ VOCdevkit
　　▤ 2007_test.txt
　　▤ 2007_train.txt
　　▤ 2007_val.txt

图 5-9 生成的数据结构图

```
/ai309/ZHF/SSD_jiaotong/VOCdevkit/VOC2007/JPEGImages/34501.jpg 2015,957,2047,1000,43
/ai309/ZHF/SSD_jiaotong/VOCdevkit/VOC2007/JPEGImages/95796.jpg 1725,680,1865,849,9
/ai309/ZHF/SSD_jiaotong/VOCdevkit/VOC2007/JPEGImages/46007.jpg 1821,994,1853,1024,1 1321,929,1339,945,37
/ai309/ZHF/SSD_jiaotong/VOCdevkit/VOC2007/JPEGImages/5931.jpg 191,982,214,1022,36 221,982,239,1021,2 1713,982,1734,1017,36 1746,978,1768,1017,2
/ai309/ZHF/SSD_jiaotong/VOCdevkit/VOC2007/JPEGImages/28819.jpg 177,740,226,802,37 177,804,222,868,19 178,869,228,929,26 178,930,229,998,37
/ai309/ZHF/SSD_jiaotong/VOCdevkit/VOC2007/JPEGImages/30440.jpg 795,1271,817,1294,28 825,1270,850,1296,35 866,1271,891,1297,36
/ai309/ZHF/SSD_jiaotong/VOCdevkit/VOC2007/JPEGImages/25458.jpg 1623,696,1687,789,13 1568,897,1586,918,25 1588,898,1606,920,35
/ai309/ZHF/SSD_jiaotong/VOCdevkit/VOC2007/JPEGImages/53398.jpg 1180,886,1206,912,30 1236,888,1260,916,35 1807,930,1866,996,32
/ai309/ZHF/SSD_jiaotong/VOCdevkit/VOC2007/JPEGImages/71733.jpg 1635,945,1673,983,35 1908,769,1959,835,20
/ai309/ZHF/SSD_jiaotong/VOCdevkit/VOC2007/JPEGImages/68819.jpg 1229,950,1260,981,34
/ai309/ZHF/SSD_jiaotong/VOCdevkit/VOC2007/JPEGImages/45287.jpg 1332,798,1389,856,36 1478,1021,1530,1069,2 1897,981,1928,1016,17
/ai309/ZHF/SSD_jiaotong/VOCdevkit/VOC2007/JPEGImages/46633.jpg 413,545,527,657,8
/ai309/ZHF/SSD_jiaotong/VOCdevkit/VOC2007/JPEGImages/58928.jpg 24,712,81,788,34
/ai309/ZHF/SSD_jiaotong/VOCdevkit/VOC2007/JPEGImages/90717.jpg 556,900,609,961,13
/ai309/ZHF/SSD_jiaotong/VOCdevkit/VOC2007/JPEGImages/62011.jpg 1890,906,2018,1038,33
/ai309/ZHF/SSD_jiaotong/VOCdevkit/VOC2007/JPEGImages/54022.jpg 1265,767,1326,827,20
```

图 5-10 数据信息

（2）SSD 网络搭建。网络模型在 "nets" 文件夹下，vgg. py 是主干网络，ssd. py 是具体搭建 SSD 网络代码，搭建好的网络不作修改，直接运用。

修改配置文件。将 "utils" 文件夹下的 config. py 文件中 num_classes 改成交通标志的类别数量加1，加1表示的是背景类，即将 num_classe 改成46。

在 "model_data" 文件夹下添加 traffic_classes. txt 文件，在该文件下存放45类交通标志的名称。

下载预训练好的 SSD 模型权重，通过迁移学习的方式，加载初始网络权重，可加快模型收敛效率和提高准确率。将下载好的权重文件放入 "model_data" 文件夹下。

（3）模型训练。数据集制作完成和 SSD 网络模型搭建完成后，接下来就可以进行交通标志检测识别的训练了。根据自己的实验平台，可修改"train. py"文件夹下的参数 Batch_size、Freeze_Epoch、Unfreeze_Epoch 等。Batch_size 表示每一批次处理多少张照片，Freeze_Epoch 表示冻结参数训练的步数，Unfreeze_Epoch 表示解冻后训练的步数。训练完成之后会将训练好的模型权重文件保存在"logs"文件夹下，在训练过程中打印相关信息，在输出信息中，Epoch 表示训练到多少步，conf_loss 表示当前批次的类别损失，loc_loss 表示当前批次的定位损失。

（4）网络评估。评估一个网络模型的好坏主要通过准确率、精确率（*precision*）、召回率（*recall*）、平均精度（*AP*）等。准确率是指分对的样本数除以所有的样本数，一般用来评估模型的全局准确程度，不能包含太多的信息，无法全面评价一个模型的性能。精确率是指识别出来的目标中，真正识别正确的比例。召回率是指测试集中所有正样本样例中，被正确识别为正样本的比例。

$$Precision = \frac{TP}{TP + FP} \tag{5-4}$$

$$Recall = \frac{TP}{TP + FN} \tag{5-5}$$

式中　TP——正样本识别为正样本；

　　　FP——负样本识别为正样本；

　　　FN——正样本识别为负样本。

AP 就是 Precision-Recall 曲线下面的面积，通常来说分类器越好，*AP* 值越高。*mAP* 是多个类别 *AP* 的平均值，是对每个类的 *AP* 再求平均，得到的就是 *mAP* 的值，*mAP* 的大小一定在 [0，1] 区间，越大越好。该指标是目标检测算法中最重要的一个。

将 ssd. py 文件中的 model_path 修改成刚刚训练好的模型权重的路径，classes_path改成 traffic_classes 的路径，如图 5-11 所示。

```
class SSD(object):
    _defaults = {
        "model_path"        : 'model_data/ssd_weights.pth',
        "classes_path"      : 'model_data/voc_classes.txt',
        "input_shape"       : (300, 300, 3),
        "confidence"        : 0.5,
        "nms_iou"           : 0.45,
        "cuda"              : True,
```

图 5-11　修改路径

运行 get_ gt_ txt. py 将生成真实框的 txt 文件，保存在 "input/ground-truth"
文件夹中，如图 5-12 所示，pl50 表示真实的类别，后面四个数表示这个类别
在图片中的真实位置。接下来运行 get_ dr_ txt. py 文件，生成预测框的 txt 文件，
保存在 "input/detection-results"，如图 5-13 所示，i2 表示预测的类别名称，
小数表示这个类别置信度得分，后面四个数值表示这个类别在图片中的预测
位置。

```
📄 10227.txt ×
1    pl50 1425 339 1596 498
2    pn 1600 368 1762 521
3    po 1768 407 1884 547
```

图 5-12　真实框信息

```
📄 10227.txt ×
13   i2 0.1693 1004 954 1017 970
14   i2 0.1560 1881 353 1939 453
15   i2 0.1525 1720 1641 1778 1682
16   i2 0.1497 106 885 130 917
17   i2 0.1472 228 849 251 882
18   i2 0.1450 623 802 637 837
19   i2 0.1446 127 1031 151 1051
20   i2 0.1439 1395 1479 1419 1509
21   i2 0.1429 711 865 727 892
22   i2 0.1371 1073 949 1087 962
23   i2 0.1353 112 787 132 830
24   i2 0.1343 1770 1641 1847 1688
```

图 5-13　预测框信息

计算 mAP，参考的是 GitHub 上的开源代码，生成了 ground-truth、detection-
results 文件之后直接运行 get_ map. py 文件，就可以计算出 mAP。

训练好模型之后就可以进行模型测试。在完成上述步骤之后，运行
predict. py 文件，代码如下。输入图片地址，检测完成后保存在 "out" 文件夹
下。整体的检测代码流程为：首先，将训练好的检测模型进行载入，将模型的模
式调为 eval 模式；其次，准备图像数据，并且进行预处理；再次，将图像数据送
入到模型进行推测；最后，利用 NMS 算法对输出框进行处理，得到目标回归框，
并将对应的信息进行标注，实现了交通标志的精确定位检测。

```
from PIL import Image
from ssd import SSD
import os
```

```
ssd = SSD ( )
if not os. path. exists（"./out"）:
     os. makedirs（"./out"）
while True:
     img = input（'Input image filename:'）
     try:
          image = Image. open（img）
     except:
          print（'Open Error! Try again!'）
          continue
     else:
          r_image = ssd. detect_image（image）
                   r_image. save（f"out/｛img｝"）
```

本书选取不同场景的交通标志进行识别，结果测试如图 5-14 所示，图中不同颜色的框表示检测出来的交通标志，字符代表交通标志的类别，但从检测结果来看，有一些特别小和模糊的交通标志存在漏检情况，说明这个模型有改善提升的空间，读者可自行进行相关优化改进。

彩图

图 5-14 交通标志检测效果图

6 交通枢纽关键目标跟踪

6.1 目标跟踪概述

6.1.1 目标跟踪的意义

随着科技和经济繁荣发展，人们生活水平逐步提升，对生活质量的要求也越来越高。在此大背景下，平安城市的建设如火如荼，并逐步向智慧城市迈进，其中无人驾驶便是平安城市和智慧城市中至关重要的一环。虽然无人驾驶或者说自动驾驶领域的拓荒者始于半个世纪之前了，但自 2009 年 Google 实行无人驾驶计划起，无人驾驶技术方在人工智能相关技术加持下开始逐步乘长风破万浪。为此世界各国纷纷着力，相竞构建无人驾驶产业布局并逐步落实，以求赢得这场未来之战。其间不乏 Google 旗下 Waymo 和通用公司旗下 Cruise 均融资数十亿美元，亚马逊并购 Zoox，Aurora 吞并 Uber ATG 等行业大事件，各国相关法律法规也相继推出，大力发展相关技术。

无人驾驶涉及众多人工智能技术，如语义分割、目标检测、目标追踪等计算机视觉技术及语音识别技术。其中目标跟踪不仅是计算机视觉研究中核心问题之一，更是无人驾驶领域中极其重要的任务，如对行人和车辆的跟踪定位以保障安全等显得尤为重要。目前，目标跟踪不止于无人驾驶，更在机器人、安防监控和体育赛事转播等领域大放异彩，如智能交互系统中人脸跟踪、手势跟踪和跟踪对焦等。

6.1.2 研究现状

目标跟踪技术作为目标检测的接续和升华，利用给定的初始帧信息去预测后续帧目标大小与位置，是探索目标动态方向的重要纽带。随着深度学习和相关滤波算法的崛起，目标跟踪技术不断发展壮大，在安防、监控、巡检及智慧生活等多个领域发挥着重要作用。具体来说，目标跟踪的任务是首先获取一组初始检测目标的位置和类别信息，然后为每一个初始检测的目标创建唯一的识别标签 ID，每个目标在视频中的帧周围移动时跟踪每一个目标，维护识别标签 ID 的分配。其核心在于解决视频流中连续若干帧序列中目标的检测和关联问题。但由于视频流中帧序列数据量需求较大，且实时性要求相当急迫，因此目标跟踪本身就是一个极具挑战性的问题。而且目标在运动的过程中很容易产生一些图像上的变化，比如姿态的变化、形状的变化、尺度的变化、光线亮度的变化和背景遮挡等。倘若进一步增加各种约束条件，无疑会使得目标跟踪问题更加棘手。为此，目标跟踪算法的研究围绕着解决这些变化及具体的应用展开。

文献［84］着眼现阶段的目标跟踪算法，按照模式将其主要分为两类：生成式模型和判别式模型。

生成式模型主要靠在线学习目标的特征，生成的目标模型用来实现搜寻与真实目标相差最小的图像区域，实现目标跟踪操作。文献［85］提出一种基于概率密度分布的 Meanshift 跟踪算法，算法沿着概率梯度上升的方向，迭代收敛到概率密度分布的局部峰值上，通过不断地迭代来跟踪目标。文献［86］提出一种粒子滤波（Particle Filter）算法，基于粒子分布统计，通过寻找一组在状态空间中传播的随机样本来近似表示概率密度函数，用样本均值代替积分运算，进而获得系统状态的最小方差估计的过程。文献［87］提出一种卡尔曼滤波（Kalman Filter）算法，不对目标的特征进行建模，而是通过对目标的运动模型建模，估计目标在下一帧的位置的方式来实现目标跟踪。文献［88］还提出一类经典算法是基于特征点的光流（Optical flow）跟踪算法，对目标物体提取特征点，在下一帧计算特征的光流匹配点，进行统计从而得到目标位置。这一类方法的缺点在于没有考虑目标的背景信息，图像信息没有得到较好的应用。

判别式模型重在判别，即判别图中物体是目标还是背景。其算法过程训练分类目标特征和背景特征，当目标跟踪序列与背景相分离，随即得到当前目标所在位置以实现跟踪操作。在判别模型中，相关滤波算法使用较为广泛。文献［89］提出的相关滤波起源于信号处理领域，其优点是引入了快速傅里叶变换[90]（DFT）从而使得算法有很大的速度提升。文献［91］提出的最小误差平方和滤波器（MOSSE）是目标检测领域最早可以应用的相关滤波算法，也是最早期的相关滤波算法，其原理较为简单，通过训练对跟踪框进行仿射随机变换，并使用高斯函数确定其峰值和中心点位置，然后找到滤波器中响应最大值即可跟踪。文献［92］提出目标跟踪领域最先能实现实时跟踪的滤波算法，即基于循环结构的核相关滤波器（CSK），它是利用高斯函数计算两帧间的相关度并搜索相应最大点，缓解了密集采样现象，但其缺点在于目标尺寸是单一不变的，鲁棒性较差。文献［93］提出了核相关滤波器（KCF），该算法在 CSK 基础上改进了只能采集单通道的灰度特征，从而增强了模型的特征表现能力。文献［94］提出了尺度估计跟踪器（DSST）算法，该算法在模型中更新了尺度，有对尺度变换较为敏感的特点，同时也克服了单一特征提取的问题，但其算法依旧存在边界效应的弊病。有人提出了空间正则化核相关滤波器，即利用空间正则项解决边界效应问题。但相关滤波算法所需要的样本数量较多，模型参数较大，样板更新策略不够精密，造成当出现遮挡、出现形态变化时跟踪效果无法达到预期的问题。

按照任务类型，目标跟踪则可以分为以下五大类：单目标跟踪（single object tracking）、多目标跟踪（multiple object tracking）、多目标多摄像头跟踪（multiple object multi-camera tracking）、姿态跟踪（pose tracking）、行人重识别（person Re-ID）等。单目标跟踪（SOT）即是给定一个目标，追踪这个目标的位置；多目标跟踪（MOT）即是追踪多个目标的位置；多目标多摄像头跟踪（MOMCT）即是跟踪多个摄像头拍摄的多个目标；姿态跟踪（PT）即是追踪人的姿态；行人重识别（Person Re-ID）即是一种判断图像或者视频流中的序列中是否存在特定行人的技术，给定一个需要监控行人图像，跨越时空维度实现检索不同设备下是否存在此行人图像，以弥补单一摄像头图像捕获的不足，其通常与通用目标检测、通用目标跟踪等其他技术相结合，着力解决行人的再识别的实际问题。因此，行人重识别被广泛地认为是一个图像检索的子问题。

按照计算类型，目标追踪又可以分为以下两大类。在线跟踪（online tracking），即是需要实时处理任务，通过过去和现在帧来跟踪未来帧中目标的位置。离线跟踪（offline tracking）即是离线处理任务，可以通过过去、现在和未来的帧来推断目标的位置，因此准确率会比在线跟踪高。

6.2　基于深度学习的目标跟踪算法

在计算机视觉领域中，目标跟踪算法发展尤为迅速。在深度学习之前，传统的跟踪算法无论是在特征提取上，还是在目标匹配上都不尽人意。有别于传统的目标跟踪算法，基于深度学习的目标跟踪算法将手工设计特征提取模块使用卷积网络取而代之，由此衍生出一系列的目标跟踪算法，准确率和速率都较之俱佳。其中最负盛名的莫过于，基于孪生网络的单目标跟踪算法和基于 Deep SORT 的多目标跟踪算法。本节将对基于孪生网络的单目标跟踪算法和基于 Deep SORT 的多目标跟踪算法进行概述。

6.2.1　基于孪生网络的单目标跟踪算法

6.2.1.1　孪生网络

孪生网络也是一种基于神经网络的框架，框架的意义在于比较两个输入网络的相关程度。孪生网络的结构示意图如图 6-1 所示。

孪生网络对输入的网络种类和结构并无特别要求，例如输入分别是卷积神经网络和循环神经网络，或者一段文字和一段视频也都可以采用孪生网络用评估两输入对象之间的相似性和相关程度。相关程度的评估一般使用对比损失作为损失函数，损失函数表达式见式（6-1）。

$$L = \frac{1}{2N} \sum_{n=1}^{N} y d^2 + (1 - y) \max(margin - d, 0)^2 \qquad (6-1)$$

式中　d——两个样本特征的欧式距离，$d = \parallel f_n - f'_n \parallel$；

　　　　y——两个样本是否匹配的标签，其值为 1 时，代表两个样本相似或者匹配，其值为 0 时，则代表不相似或者不匹配；

$margin$——设定的阈值。

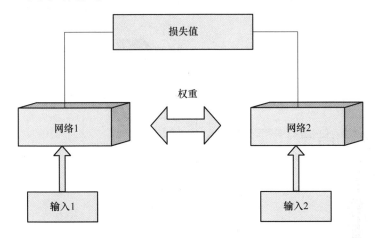

图 6-1　孪生网络结构示意图

对比损失能够满足对输入样本匹配评估要求，同时也能够满足提取特征用于训练的要求。当式（6-1）中的变量发生变化时，即当 $y = 1$ 时，表示样本间十分相关。此时损失函数也随着更新，公式更新见式（6-2）。在采用欧式距离评估样本间的相关程度时，若欧式距离变大，损失函数会相应增大来调整训练策略。

$$\frac{1}{2N} \sum_{n=1}^{N} d^2 \tag{6-2}$$

6.2.1.2　基于 Siamese-FC 模型的单目标跟踪算法

Siamese-FC 是基于孪生网络的目标跟踪模型。根据该模型的跟踪原理，将目标的跟踪过程分成两个阶段：定位和预测。目标中心点的定位操作由 Siamese-FC 模型完成，Siamese-FC 的网络结构示意图如图 6-2 所示。

Siamese-FC 将跟踪视频分类成模版帧（Template）和搜索帧（Search），两者均通过全卷积操作完成特征提取，模版帧的特征图提取至 F1，搜索帧的特征图提取至 F2，然后 F1 与 F2 做互相关计算。将 F1 在 F2 上进行滑窗操作，根据对比损失函数生成一个特征得分的矩阵，矩阵中的得分越高则表示越靠近真实值，矩阵的最高值表示特征影射回原图所在的对应区域，换句话说得分矩阵代表目标在后续帧的预测区域。Siamese-FC 的网络层详情见表 6-1。

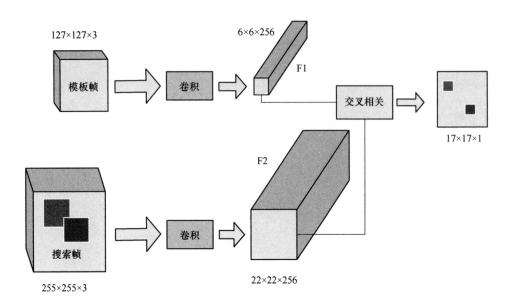

图 6-2 Siamese-FC

表 6-1 Siamese-FC 的网络层参数

网络层类型	网络层尺寸	特征图尺寸	卷积时的采样间隔	以模板做卷积的模板尺寸	搜索区域尺寸
Conv1	11×11	96×3	2	59×59×96	123×123×96
Pool1	3×3		2	29×29×96	61×61×96
Conv2	5×5	256×48	1	25×25×256	57×57×256
Pool2	3×3		2	12×12×256	28×28×256
Conv3	3×3	384×256	1	10×10×192	26×26×192
Conv4	3×3	384×192	1	8×8×192	24×24×192
Conv5	3×3	256×192	1	6×6×128	22×22×128

由图 6-2 可知，Siamese-FC 模型的特征提取网络基于 AlexNet 神经网络，并在 AlexNet 网络架构的基础上加入批标准化，剔除了填充和全连接层，通过卷积层输出的特征图是经过像素分类的特征图，通过互相关的操作来计算特征间的相似程度。此处互相关计算类似卷积操作，在模版帧上提取的特征 F1 在后续的搜索帧中做滑窗来得到不同区域的得分值，滑窗结束得到一维的区域得分映射图。互相关的示意图如图 6-3 所示。

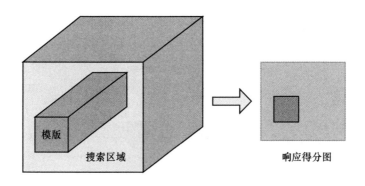

图 6-3 互相关计算示意图

在 Siamese-FC 中，模版特征在搜索区域上按照滑窗的方式获取不同位置的响应值，最终获得一个一维的响应映射图。通过互相关的方式计算模版特征和搜索区域生成特征图每处区域的相似度，得到相关相应得分图，Siamese-FC 模型中对得分图用双线性插值法对图像进行处理，使其分辨率能与原视频参数一致，最后根据相应得分图的分布得到模型预测目标在下一帧视频中的位置。

Siamese-FC 模型还有一个特点就是适应多尺度检测。其他算法的多尺度检测原理是先对样本以不同尺寸来取样，再分别对不同尺寸的样本实施检测，而 Siamese-FC 模型中的多尺度体现在对样本多尺寸取样后并将图像设置统一的分辨率，再将不同尺度的图像按尺度大小合并成一个批次的样本集，这种并行操作可以高效地生成多尺度的目标图像，一步到位体现模型的多尺度检测特性。若在模型的预测阶段并未实时更新模版帧的特征，此举能够大大提高 Siamese-FC 模型的计算速度，同时模型中提取的高层语义特征较为复杂，且在视频的后续帧中有不同的变换，Siamese-FC 模型也能够有足够的鲁棒性来处理；此举也适合在长时期跟踪情况下，保证跟踪目标不变，能够持续跟踪目标。

但是基于全卷积孪生网络的目标跟踪算法在模型的精度性能上存在一些弊病，模板帧对目标的变化不是很适应，当目标发生较大变化的时候，来自初始第一帧的特征可能不足以表现目标的特征；甚者，Siamese-FC 模型并未获取目标的具体尺寸大小，在全卷积的基础上只能采取简单的多尺度和回归操作，这不仅增加了计算量，而且在精度要求上也达不到跟踪目标的要求。因此，在基于 Siamese-FC 的目标跟踪上进行了改进，得到了 Siamese-RPN。

6.2.1.3 基于 Siamese-RPN 模型的单目标跟踪算法

在 Siamese-FC 的基础上，添加 RPN 区域候选网络，通过此方法不仅提高了孪生网络模型的跟踪速度，同时通过 RPN 网络的回归更加精确地确定目标位置，无需通过插值计算得到最终结果，Siamese-RPN 模型网络结构如图 6-4 所示。

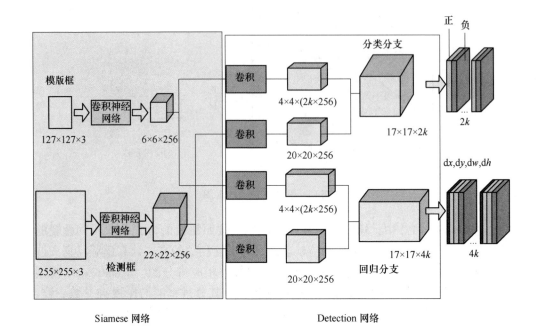

图 6-4 Siamese-RPN 网络结构图

Siamese-RPN 模型分为两个部分：孪生网络和区域候选生成网络。孪生网络是提取目标的网络，区域候选生成网络负责输出分类、回归结果。其输出的结果包括 $2k$ 个通道的分类特征图，用来表示 k 个锚点背景分数，$4k$ 个通道的回归特征图用来表示 k 个锚点的预测偏移量的坐标，模型的功能流程图如图 6-5 所示。

Siamese-RPN 模型的互相关计算方式变为升维互相关的方式。与 Siamese-FC 模型中的互相关计算方式不同的是增添了 2 层卷积操作，其通道分别是 256 和 $256\times2k$，k 意味着每个锚点上存在的锚点数量，这种升维再卷积的操作能够实现目标的定位与分类。其计算示意图如图 6-6 所示。

对于 Siamese-RPN 的分类分支，模版帧和后续搜索帧的特征图会经过升维互相关的计算，将模版帧的特征图维度升为后续搜索帧的 $2k$ 倍，需要说明的是 k 是模型中锚点框的设置个数。将模版帧的特征图在通道上平均分为 $2k$ 个。最后将得分图也平均分为 k 份，每一份都有 k 个锚点，k 个二维的得分图，由目标与背景所对应的类别分数得到类别置信度。对于 Siamese-RPN 的回归分支，模版帧与后续帧的互相关操作与分类分支类似，模版帧的维度需要扩大 $4k$ 倍，$4k$ 个模版帧的卷积核在搜索帧上做滑窗卷积操作。后续也将输出 $4k$ 维度的得分图，同时也将得分图在通道上再均分至 k 份，每一份都有 k 个锚点，k 个四维的得分图，四维代表着锚点的横纵坐标与宽和高。

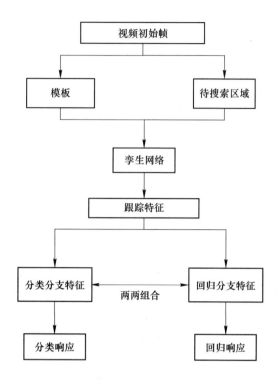

图 6-5 Siamese-RPN 模型流程图

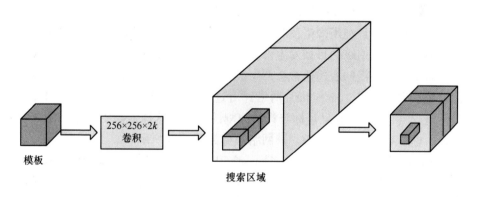

图 6-6 升维互相关计算

6.2.1.4 基于 SiamMask 模型的单目标跟踪算法

基于孪生网络的目标跟踪算法需要在第一帧自行标定跟踪目标位置，在后续帧中预测目标中的位置。基于单目标跟踪的 SiamMask 模型流程图如图 6-7 所示。

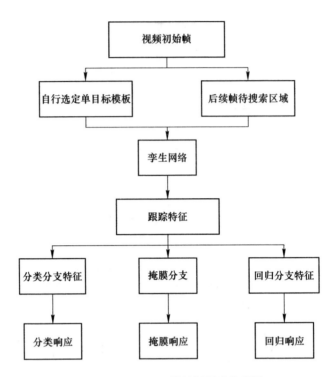

图 6-7 SiamMask 单目标跟踪流程图

Siamese-RPN 是在预测目标正确的情况下，给出目标在后续帧中更为精确的边界框的位置，而且利用网络预测长宽比可以调节边界框的大小范围。但不能被忽视的是，当需要追踪的目标发生位置变化或者形态变化如被遮挡、较大动作变化时，简单的边界框的表述通常会产生极大的损失，从而造成跟踪精度下降甚至跟踪丢失目标的结果。SiamMask 网络针对这个问题，更进一步地直接预测物体的目标掩膜（mask），也是目标与背景分割的结果。这样能够更好地预测跟踪目标的输出框，有了较大的改进。其网络模型如图 6-8 所示。

SiamMask 模型的网络结构与 Siamese-RPN 类似，在 Siamese-RPN 模型结果上增添了一个掩膜分支，该分支常用于物体分割，通过物体分割来确保跟踪的正确性。SiamMask 模型使用了一颗信息柱解码物体的掩膜，每一个掩膜都包含了目标的所在的空间信息。掩膜分支输出的特征图里的每个空间信息元素都能对应到原图上的感受野，所以信息柱解码的其实就是位于预测区域里的掩膜。

6.2.2 基于 SORT 的多目标跟踪算法

Simple Online and Realtime Tracking （SORT）[95]正如其名，是一个简单的、在线的、实时的多目标跟踪算法。在 SORT 中，由于只通过 IoU（交并比）来进行目

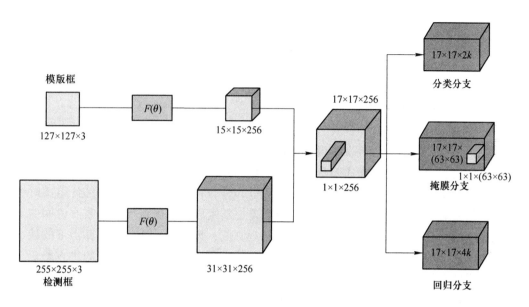

图 6-8 SiamMask 网络模型图

标帧间匹配, 虽然速度快, 但是目标 ID 丢失是常有之事, ID 切换成本相当大。受限于目标检测算法发展, SORT 当年采用当时最先进的目标检测算法 Faster R-CNN[96], 已达到相当不错的成绩, 同时原论文表明更先进的目标检测算法将给目标跟踪带来更大的提升。在此之后, 基于 SORT 提出的 Deep SORT 算法[97], 充分利用大型行人重识别数据集训练得到的深度关联度量来提取表观特征, 能较好地处理长时间掩盖的目标, 使得 ID 切换次数下降45%。此后, 伴随着目标检测的发展, 相继有 YOLO v3[98]、YOLO v4[99]、YOLO v5 等作为检测网络的 Deep SORT 算法推出。本小节将依次介绍 Deep SORT 算法和基于 YOLO v5 的 Deep SORT。

6.2.2.1 SORT 算法

SORT 包含 4 个核心组件: 检测、预测、数据关联、跟踪 ID 创建和销毁。虽然单靠检测不足以进行跟踪, 但是检测质量对跟踪性能有着重大影响。当完成检测之后, 同时使用线性速度模型将检测从当前帧传播到下一帧。当新的检测与目标相关联时, 新检测到的边界框则用于更新目标状态, 并通过卡尔曼滤波算法优化求解速度分量。然而, 如果没有检测到与目标相关联, 则只需使用线性速度模型预测其状态。将新检测分配给现有目标时, 每个目标的边界框通过预测其在最新帧中的新位置来估计。然后, 在当前帧中, 使用目标的预测框位置和真实框位置之间的交并比来组成代价矩阵。使用匈牙利算法以最佳方式解决分配。当目标进入和离开图像时, 则需要相应地创建或销毁唯一标识 ID。因此, 任何交并比小于特定交并比最小值的检测框的出现表示跟踪目标消失。而大于特定交并比最小值的检测框目标，则进行速度为零的状态值初始化。由于此时未观察到速度，因此速度分量的协方差初始化为大值，反映了这种不确定性。因此，新的跟踪器将进行预试用，在此期间，目标需要与检测相关联以积累足够的证据，以防止跟踪误报。如果持续 T 帧未检测，则跟踪终止。T 帧之后，如果一个目标再次出现，跟踪将在新的 ID 下隐式恢复。

除目标检测网络之外，SORT 中核心算法为卡尔曼滤波算法，其通过不停地预测目标下一时刻的位置来实现目标跟踪。该算法对目标建立输入状态方程，采用状态更新和时间更新来递归迭代，从而预测后续目标所在视频中的位置。两个更新过程是卡尔曼滤波算法实现跟踪的关键部分，状态估计和协方差估计组成时间更新模块，计算增益、状态更新与协方差更新组成状态更新模块。需要说明的是，状态更新的意义在于利用当前状态的观测值、预测值及增益，计算当下的最优状态估计值，协方差更新的意义在于保证状态更新递推下去，对应的协方差矩阵也需要更新。由于该算法的及时更新机制，可以使该算法在有遮挡的环境中也可以对目标实施有效跟踪，美中不足的是该算法适用范围有限，只能作用于线性系统中。卡尔曼滤波算法的计算流程如下：

（1）状态预测：

$$X(k \mid k-1) = \Phi X(k-1 \mid k-1) + BU(k) \tag{6-3}$$

式中　$X(k \mid k)$ ——k 时刻的系统状态；

　　　　$U(k)$ ——k 时刻对系统的控制量，即状态转移矩阵；

　　　　Φ——系统参数；

　　$X(k-1 \mid k-1)$ ——上一时刻的最优结果；

　　$X(k \mid k-1)$ ——利用上一时刻状态预测得到的结果。

（2）协方差预测：

$$P(k \mid k-1) = \Phi P(k-1 \mid k-1) \Phi^{T} + Q \tag{6-4}$$

式中　$P(k-1 \mid k-1)$ ——上一状态 X $(k-1 \mid k-1)$ 对应的协方差；

　　　　$P(k \mid k-1)$ ——X $(k \mid k-1)$ 对应的协方差；

　　　　Q——系统过程噪声（假设为高斯白噪声）的协方差矩阵。

（3）卡尔曼增益：

$$K = \frac{P(k \mid k-1) H^{T}}{HP(k \mid k-1) H^{T} + R} \tag{6-5}$$

式中　K——卡尔曼增益；

　　　　H——观测矩阵；

　　　　R——测量噪声对应的协方差矩阵。

（4）状态更新：

$$X(k \mid k) = X(k \mid k-1) + K[Z(k) - HX(k \mid k-1)] \tag{6-6}$$

式中　$Z(k)$——k 时刻的观测值。

（5）协方差更新：

$$P(k \mid k) = (I - KH)P(k \mid k - 1) \tag{6-7}$$

式中　I——单位矩阵。

6.2.2.2　Deep SORT 算法

Deep SORT 延续 SORT 算法使用 8 维的状态空间（u, v, r, h, U, V, R, H），其中（u, v）代表边界框的中心点，宽高比 r，高 h 及四者在图像上的相对变化率。Wojke 等人提出使用具有等速运动和线性观测模型的标准的卡尔曼滤波算法，将以上 8 维状态空间作为目标状态的直接观测模型。每一个轨迹，都计算当前帧距上次匹配成功帧的差值，该差值便是级联匹配中的循环次数。如果检测没有和现有踪迹匹配上，那么将对这个检测进行初始化，转变为新的踪迹。新的踪迹初始化的时候的状态是未确定态，只有满足连续 3 帧都成功匹配，才能将未确定态转化为确定态。如果处于未确定态的踪迹没有在 n_init 帧中匹配上检测，将变为删除态，从轨迹集合中删除。

匹配问题，在这里主要是匹配轨迹踪迹和观测结果检测。这种匹配问题经常使用匈牙利算法（或者 KM 算法）来解决，该算法求解对象是一个代价矩阵，使用平方马氏距离来度量踪迹和检测之间的距离，由于两者使用的是用高斯分布来表示，很适合使用马氏距离来度量两个分布之间的距离。马氏距离又称为协方差距离，是一种有效计算两个未知样本集相似度的方法，所以在这里度量踪迹和检测的匹配程度。

$$d^{(1)}(i, j) = (d_j - y_j)^T S_i^{-1}(d_j - y_j) \tag{6-8}$$

$$b_{i,j}^{(1)} = 1[d^{(1)}(i, j) \leqslant t^{(1)}] \tag{6-9}$$

式中　d_j——第 j 个检测；

　　　y_j——第 i 个踪迹；

　　S_i^{-1}——d 和 y 的协方差。

式（6-9）是一个指示器，比较的是马氏距离和卡方分布的阈值，$t^{(1)}$ = 9.4877，如果马氏距离小于该阈值，代表成功匹配。

使用余弦距离来度量表观特征之间的距离，ReiD 模型抽出得到一个 128 维的向量，使用余弦距离来进行比对：

$$d^{(2)}(i, j) = min \{1 - r_j^T r_k^{(i)} \mid r_k^i \in R_i\} \tag{6-10}$$

$r_j^T r_k^{(i)}$ 计算的是余弦相似度，而余弦距离 = 1-余弦相似度，通过余弦距离来度量踪迹的表观特征和检测对应的表观特征，来更加准确地预测 ID。SORT 中仅仅用运动信息进行匹配会导致 ID 切换比较严重，引入外观模型+级联匹配可以缓解这个问题。

$$b_{i,j}^{(2)} = 1[d^{(2)}(i, j) \leqslant t^{(2)}] \tag{6-11}$$

同上，余弦距离这部分也使用了一个指示器，如果余弦距离小于 $t^{(2)}$，则认为匹配上。这个阈值在代码中被设置为 0.2（由参数 max_dist 控制），在人脸识别中一般设置为 0.6。

综合匹配度是通过运动模型和外观模型的加权得到的。

$$c_{i,j} = \lambda d^{(1)}(i, j) + (1 - \lambda) d^{(2)}(i, j) \tag{6-12}$$

其中 λ 是一个超参数，在代码中默认为 0。Deep SORT 作者认为在摄像头有实质性移动的时候这样设置比较合适，也就是在关联矩阵中只使用外观模型进行计算。但并不是说马氏距离在 Deep SORT 中毫无用处，马氏距离会对外观模型得到的距离矩阵进行限制，忽视掉明显不可行的分配。

$$b_{i,j} = \prod_{m=1}^{2} b_{i,j}^{(m)} \tag{6-13}$$

$b_{i,j}$ 也是指示器，只有 $b_{i,j} = 1$ 的时候才会被认为初步匹配上。

级联匹配是 Deep SORT 区别于 SORT 的一个核心算法，致力于解决目标被长时间遮挡的情况。为了让当前检测匹配上当前时刻较近的踪迹，匹配的时候检测优先匹配消失时间较短的踪迹。

当目标被长时间遮挡，卡尔曼滤波预测结果将增加非常大的不确定性（因为在被遮挡这段时间没有观测对象来调整，所以不确定性会增加），状态空间内的可观察性就会大大降低。

在两个踪迹竞争同一个检测的时候，消失时间更长的踪迹往往匹配得到的马氏距离更小，使得检测更可能和遮挡时间较长的踪迹相关联，这种情况会破坏一个踪迹的持续性，这也就是 SORT 中 ID 切换次数太高的原因之一。伪代码中需要注意的是匹配顺序，优先匹配未关联上的帧数（age）比较小的轨迹，代码如下。

```
# 1. 分配 track_indices 和 detection_indices
if track_indices is None:
    track_indices = list(range(len(tracks)))s
if detection_indices is None:
    detection_indices = list(range(len(detections)))
unmatched_detections = detection_indices
matches = []
# cascade depth = max age 默认为 70
for level in range(cascade_depth):
if len(unmatched_detections) == 0:    # No detections left
        break
    track_indices_l = [
        k for k in track_indices
```

```
            if tracks [k] .time_since_update = = 1 + level
    ]
    if len (track_indices_l) = = 0:     # Nothing to match at this level
        continue

# 2. 级联匹配核心内容就是这个函数
    matches_l, _, unmatched_detections = \
        min_cost_matching (    # max_distance=0.2
            distance_metric, max_distance, tracks, detections,
            track_indices_l, unmatched_detections)
    matches += matches_l
unmatched_tracks=list (set (track_indices) - set (k for k, _ in matches))
return matches, unmatched_tracks, unmatched_detections
```

　　在匹配的最后阶段还对丢失目标和age=1的未匹配轨迹进行基于交并比的匹配（和SORT一致），这可以缓解因为表观突变或者部分遮挡导致的较大变化。

　　表观特征这部分借用了行人重识别领域的网络模型，其功能是提取出具有区分度的特征。论文中用的是宽残差网络（wide residual network），具体结构如表6-2所示。

表 6-2　宽残差网络

层	卷积核/步长	输出大小
Conv 1	3×3/1	32×128×64
Conv 2	3×3/1	32×128×64
Max Pool 3	3×3/2	32×64×32
Residual 4	3×3/1	32×64×32
Residual 5	3×3/1	32×64×32
Residual 6	3×3/2	64×32×16
Residual 7	3×3/1	64×32×16
Residual 8	3×3/2	128×16×8
Residual 9	3×3/1	128×16×8
Dense 10		128
批量归一化和L_2正则化		128

　　网络最后的输出是一个128维的向量，用于代表该部分表观特征（一般维度越高，区分度越高，带来的计算量越大）。最后使用L2归一化将特征映射到单位超球面上，以便进一步使用余弦表观来度量相似度。

6.3 基于 YOLO v5 的 Deep SORT 的交通枢纽关键目标跟踪

SORT 算法的思路是将目标检测算法（如 Faster R-CNN）得到的检测框与预测的跟踪框的 *IoU*（交并比）输入匈牙利算法中，进行线性分配来关联帧间 ID。而 Deep SORT 算法则是基于 SORT 算法，再将目标的外观信息加入帧间匹配的计算中，这样在目标被遮挡但后续再次出现的情况下，还能正确匹配这个 ID，从而减少 ID 的切换，达到持续跟踪的目的。而基于 YOLO v5 的 Deep SORT 算法则是将 Deep SORT 中的目标检测网络替换为 YOLO v5。YOLO v5 网络结构如下图 6-9所示。

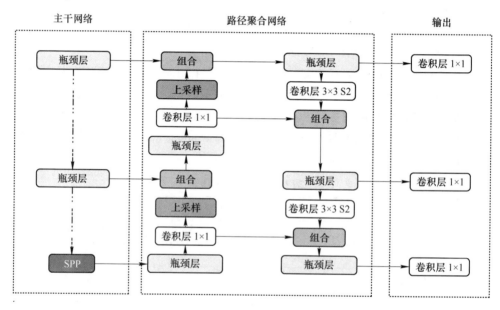

图 6-9 YOLO v5 网路

6.3.1 YOLO v5 模型的训练

从 github 上拉取代码库，并安装包括 Python≥3.8 和 PyTorch≥1.7 的 requirements. txt 依赖库。

$ git clone https：//github. com/ultralytics/yolov5
$ cdyolov5
$ pip install −r requirements. txt

模型的训练步骤如下：

（1）自定义数据集。COCO128 是一个由 COCO train2017 中的前 128 张图像组成的小型数据集。这 128 张图像既用于训练也用于验证训练管道是否能够过拟合。下面以 COCO128 为例，其数据配置文件 data/coco128. yaml 如下所示，它定义了训练图像和验证图像、类别数量和类别名称列表。

train: ../coco128/images/train2017/

val: ../coco128/images/train2017/

number of classes

nc: 80

class names

names: ['person', 'bicycle', 'car', 'motorcycle', 'airplane', 'bus', 'train', 'truck', 'boat', 'traffic light', 'fire hydrant', 'stop sign', 'parking meter', 'bench', 'bird', 'cat', 'dog', 'horse', 'sheep', 'cow', 'elephant', 'bear', 'zebra', 'giraffe', 'backpack', 'umbrella', 'handbag', 'tie', 'suitcase', 'frisbee', 'skis', 'snowboard', 'sports ball', 'kite', 'baseball bat', 'baseball glove', 'skateboard', 'surfboard', 'tennis racket', 'bottle', 'wine glass', 'cup', 'fork', 'knife', 'spoon', 'bowl', 'banana', 'apple', 'sandwich', 'orange', 'broccoli', 'carrot', 'hot dog', 'pizza', 'donut', 'cake', 'chair', 'couch', 'potted plant', 'bed', 'dining table', 'toilet', 'tv', 'laptop', 'mouse', 'remote', 'keyboard', 'cell phone', 'microwave', 'oven', 'toaster', 'sink', 'refrigerator', 'book', 'clock', 'vase', 'scissors', 'teddy bear', 'hair drier', 'toothbrush']

（2）打标签。使用 CVAT、makesense. ai 或 Labelbox 等工具标记图像后，将标签导出为 YOLO 格式，一个图像一个 *. txt 文件（如果图像中没有对象，则不需要 *. txt 文件）。该 *. txt 文件规范是：

1）每一个目标一行，

2）每一行都是 class x_center y_center width height 格式，

3）框坐标值必须采用标准化至 0~1，

4）类号是零索引的（从 0 开始）。

（3）整理目录。根据以下示例组织训练、验证图像和标签。YOLO v5 通过将/images/每个图像路径中的最后一个实例替换为/labels/. 例如：

dataset/images/im0. jpg   #图像

dataset/labels/im0. txt   #标签

（4）选择型号。选择一个预训练模型开始训练。这里选择 YOLO v5s，这是可用的最小和最快的模型，其模型大小为 15M，响应速度为 2.0ms，*mAP* 为 37.2%。

（5）训练。通过指定数据集、批量大小、图像大小及预训练模型 weights YOLO v5s. pt（推荐）或随机初始化--weights " --cfg yolov5s. yaml"（不推荐），在 COCO128 上训练 YOLO-v5s 模型。预训练权重是从最新的 YOLO v5 版本自动下载的。

\#在 COCO128 上训练 YOLO v5s 5 epochs

$ python train. py −−img 640 −−batch 16 −−epochs 5 −−data coco128. yaml −−weightsy-olov5s. pt

（6）可视化。权重和偏差（W&B）功能与 YOLO v5 集成，用于训练运行的实时可视化和云记录。这允许更好地运行比较和内省，以及提高团队成员之间的可见性和协作。要启用日志记录并实时查看，需安装 wandb，然后正常训练。

$ pip 安装 wandb

在训练期间，可在 wandb 官网看到实时更新，并且可以使用 W&B 报告工具创建结果的详细报告，如图 6-10 和图 6-11 所示。

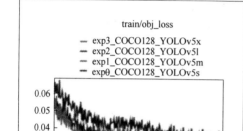

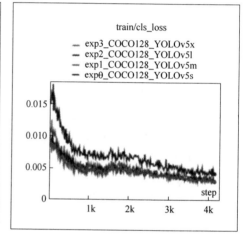

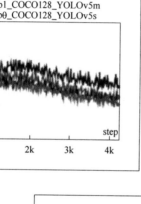

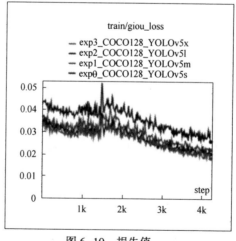

图 6-10 损失值

彩图

∨ metrics 4   ＋

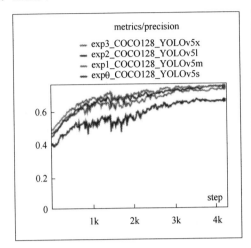
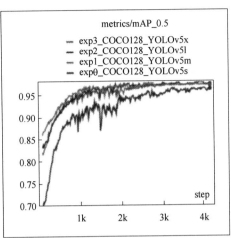

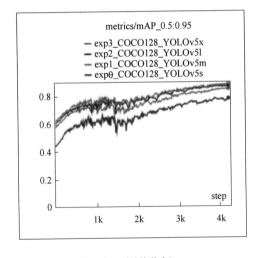

彩图

图 6-11　评价指标

　　所有的结果都在默认情况下保存在 runs/train，每次新的训练都会创建一个新的实验目录，如 runs/train/exp1，runs/train/exp2。随时查看其中的训练和测试的 jpg 文件，即可观察各种数据增强效果如何。

　　训练损失和性能指标也记录到 Tensorboard 和自定义 results.txt 日志文件中，在训练完成后可以执行以下代码绘制出 results.png。

```
from utils.plots import plot_results
plot_results (save_dir='runs/train/exp')
```

　　图 6-12 展示了在 COCO128 上训练到 300 个周期的 YOLO v5s，其中深色

曲线为从头开始的训练曲线，浅色曲线为使用预训练模型 YOLO-v5s.pt 的曲线。

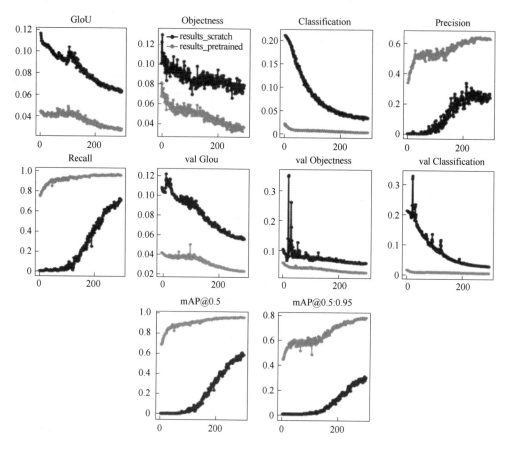

图 6-12　有无使用预训练模型训练对比

6.3.2　Re-ID 模型的训练

　　Re-ID 模型是多目标跟踪算法 Deep SORT 的一种实现。Deep SORT 与 SORT 基本相同，但添加了一个 Re-ID 模型来提取由检测器界定的人体部分图像中的特征。Deep SORT 原论文中使用的检测器是 Faster R-CNN，但是这里使用 YOLO v5 来生成 bbox。具体步骤如下：

　　（1）克隆这个仓库：

```
git clone git@github.com：ZQPei/deep_sort_pytorch.git
```

　　（2）检查安装的所有依赖项：

```
pip install -r requirements.txt -i https：//pypi.tuna.tsinghua.edu.cn/simple
```

（3）下载 YOLO v5s 的权重文件

cd detector/YOLO v5/weight/

wget./yolov5s.weights #先前训练的 YOLO v5 模型。

cd ../../../

（4）训练。Wojke 等人[97]使用的原始模型在 original_model.py 中，其参数在 original_ckpt.t7 中。要训练模型，首先需要下载 Market1501 数据集或 Mars 数据集。然后使用 train.py 来训练模型，并使用 test.py 和 evaluate.py 对其进行评估，如图 6-13 所示。

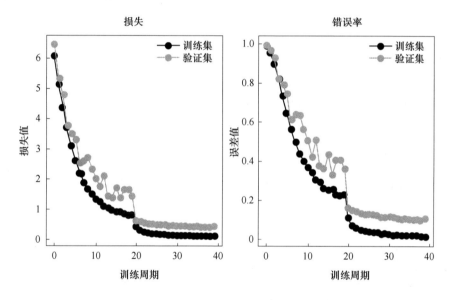

图 6-13 Re-ID 训练和评估损失图

6.3.3 基于 YOLO v5 的 Deep SORT 模型的运行演示

运行演示步骤如下：

（1）拉取代码资源库：

git clone --recurse-submodules https://github.com/mikel-brostrom/YOLOv5_DeepSort_Pytorch.git

如若忘记，拉取代码资源子库可运行：

git submodule update – init

（2）下载 YOLO v5 权重文件和 Deep SORT 权重文件：

Wget. ／yolov5s. weights #先前训练的 YOLOv5s 权重

wget. ／deepsort_ckpt. t7#先前训练的 Deep SORT 权重

（3）追踪视频源设置。本目标支持绝大多数视频格式

python3 track. py --source…

视频：--source file. mp4

摄像头：--source 0

RTSP 流：--source rtsp：//170. 93. 143. 139/rtplive/ * * * * *

HTTP 流：--source http：//wmccpinetop. axiscam. net/mjpg/video. mjpg

（4）跟踪类别设置。默认跟踪类别为 0，即行人。

parser. add_argument（'--classes', nargs = '+', default = ［0］, type = int, help = 'filter by class'）# tracks persons only

如果要跟踪其他类别，可根据 COCO 数据集类别进行调整，如行人与汽车：

parser. add_argument（'--classes', nargs = '+', default = ［0, 2］, type = int, help = 'filter by class'）# tracks persons only

（5）结果保存。默认保存到 inference/out：

python3 track. py --source . . . --save-txt

6.3.4 跟踪结果

当仅跟踪行人如图 6-14 所示，跟踪行人和车辆如图 6-15 所示。

图 6-14 行人跟踪图

图 6-15　行人和车辆跟踪图

7 总结与展望

7.1 总结

交通与人们的生活息息相关，随着我国交通运输业的发展，传统的交通方式存在一些安全隐患，尤其是人口、车辆增多带来的交通堵塞、交通安全等问题。智慧交通技术可以作为辅助驾驶系统、车辆监控系统和预警防护系统的重要保障，在错综复杂的交通系统中扮演着重要角色，其可以作为客流统计、客流疏导和安全预警等工作的基础支撑，在交通安全、公共服务和数据处理方面发挥着重要作用。为了解决这些问题，近年来智慧交通的发展迅速铺展开来，随着人工智能技术的发展，为智慧交通提供了新的参考方向，本书将深度学习技术与交通相结合，分析了五种常见技术案例，主要内容如下：

（1）基于 RetinaNet 的车牌识别系统。本书针对车牌目标检测任务，基于 RetinaNet 网络框架，以 ResNet-50 作为主干网络，实现密集的车牌目标检测。对于车牌字符的识别，搭建浅层卷积神经网络进行字符特征提取，然后使用多个分类器进行车牌的多个字符分类。实验结果表明，模型在 CCPD 数据集上的 *mAP* 达到 0.99，能较好地应用于真实场景下的车牌识别任务。

（2）交通枢纽关键物体检测。本书首先对交通枢纽关键物体检测做了简要概述。其次基于 YOLO v3 算法，以交通枢纽的行人这一关键目标为例进行了详细介绍。最后在 CrowdHuman 和 Transportation_hub_Human 数据集上验证了 YOLO v3 算法的有效性。

（3）基于 CSRNet 算法的交通人群计数。本书实现了基于 CSRNet 算法的交通人群计数，首先对交通人群计数的背景、研究意义及国内外研究现状进行了阐述分析；其次选取了 CSRNet 算法作为人群计数所用算法，对 CSRNet 算法的算法框架进行了介绍；最后介绍了算法实战内容，对实际算法训练步骤等进行了介绍。

（4）基于 SSD 交通标志检测方法。本书首先对常用的交通标志检测识别方法进行了介绍，分别是模板匹配、特征算子和深度学习。本书基于 SSD 算法实现交通标志检测，详细地介绍了 SSD 的架构、主干网络、损失函数和锚点框的设置。训练了 TT100K 数据集，测试结果较好，但仍还有很大改进的空间，读者可在此基础上改进提升。

（5）交通枢纽关键目标跟踪。本书完成了基于深度学习的交通枢纽关键物体跟踪研究。首先，对目标跟踪的研究背景和研究现状进行详细介绍，分析对比了常见的跟踪算法，如孪生网络的 Siamese-FC 算法、Siamese-RPN 算法及 Siam-Mask 算法的单目标跟踪，以及 SORT 算法和 Deep SORT 算法。其次，介绍了选用的 YOLO v5 检测模型。最后，结合 YOLO v5 和 Deep SORT 构建跟踪模型，在 COCO128 数据集上验证了模型的速度和准确率，实现了交通枢纽关键目标跟踪。

7.2 展望

随着人工智能产业的不断革新，深度学习技术已蔚然成风，相关产品臻于完善。在技术的不断纯熟与新兴事物的接续涌现中，智慧交通愈加自动与智能化，以更加优美的姿态展现于人前。通过对目前已有技术和当下政策的了解，在此对智慧交通的未来工作做出以下四点展望。

（1）效率化。伴随《上海市交通行业数字化转型实施意见（2021～2023年）》的提出，智慧停车、一键叫车、出行即服务系统（MaaS）建设等数字化技术手段正逐渐融入日常生活场景，悄然改变着上海市民的交通出行方式。以上海为试点，国内各地将积极响应"智慧生活"的时代号召，智慧交通的未来产业将以更加高效的产品形式呈现，融合更加先进、成熟的深度学习技术进行产品创新，以提升交通运输系统的工作效率为目的，加速构建快速便捷的生活。

（2）网络化。从第一条地铁线路开始，后续经过十字交叉型、米字交叉型、环线交叉型等线网阶段，最后都会向内部密集、外部放射延伸的网格状方向发展。目前，国内多个城市已进入或正在进入网络化运营阶段，但网络化运营面临着多种挑战，包括新旧网线的协调发展、网络连锁与安全质量保障、网络运营与社会环境、统筹管理与多样技术、技能传承与网络化扩张及组织管理体系等多种矛盾。这些矛盾存在且严重，未来的智慧交通工作将更加注重线网融合存在的客观问题开展。

（3）亲民化。"城市是人民的城市，人民城市为人民。"走进新时代，智慧交通的建设更应该立足于根本需求，强调"以人为本"，强调居民在智慧交通、智慧生活的参与感、荣誉感和获得感，提高人们对于城市建设的满意度和幸福感。智慧交通的未来工作将更多地围绕新时代中国特色社会主义的主要矛盾开展，越来越关注人民日益增长的美好生活需要，致力于推动人的全面发展和社会的全面进步，坚持以人为本的核心立场，将产品推向亲民的狂澜。

（4）安全化。"5G"网络、无人驾驶和车联网技术的不断发展为便捷交通提供了技术支持，同时也不可避免地存在着安全隐患。高效率和网络化是新时代环境产物的必然需求，但这并不意味着要以宝贵的生命和个人隐私的牺牲作代价。商用无人车事故频频发生，迫使人们聚焦智慧交通的安全性管理，监控精细化安全距离、提高抓拍频率和提高系统识别精度等多种手段层出不穷。当前的智慧交通产品更加注重使用者的生命安全和信息泄露问题，并将长期为新基建的新一代产品提供安全支持。

参 考 文 献

［1］ Dirks S, Keeling M. A vision of smarter cities：How cities can lead the way into a prosperous and sustainable future ［DB/OL］. http：//www－935. ibm. com/service/uslgbs/bus/pdf/ibm_ podcast_ smarter_ cities. pdf.

［2］ 吴祥龙，高华，解兴申，等．基于 BIM+GIS 的城市轨道交通选线应用研究 ［J］. 铁道标准设计，2022，66（3）：18-22.

［3］ Misky M, Papert S. Perceptron ［M］. London Prentice Hall, 1969.

［4］ Rumelhart D E, Hinton G E, Willams R J. Learning internal representations by error propagation ［J］. Readings in Congnitive Science, 1988, 323（6088）：399~421.

［5］ 康庄，杨杰，郭濠奇．基于机器视觉的垃圾自动分类系统设计 ［J］. 浙江大学学报（工学版），2020，54（07）：1272-1280.

［6］ 陈智超，焦海宁，杨杰，等．基于改进 MobileNet v2 的垃圾图像分类算法 ［J］. 浙江大学学报（工学版），2021，55（08）：1490-1499.

［7］ Kang Z, Yang J, Li G, et al. An automatic garbage classification system based on deep learning ［J］. IEEE Access, 2020, 8：140019-140029.

［8］ Yuan W, Zhang D, Ying L, et al. Enhancing transportation systems via deep learning：A survey ［J］. Transportation Research Part C Emerging Technologies, 2018, 99.

［9］ 陈喜群，周凌霄，曹震．基于图卷积网络的路网短时交通流预测研究 ［J］. 交通运输系统工程与信息，2020（4）：49-55.

［10］ 张阳，杨书敏，辛东嵘．改进小波包与长短时记忆组合模型的短时交通流预测 ［J］. 交通运输系统工程与信息，2020，20（02）：208-214.

［11］ 陆文琦，芮一康，冉斌，等．智能网联环境下基于混合深度学习的交通流预测模型 ［J］. 交通运输系统工程与信息，2020，20（03）：51-57.

［12］ Lu S Q, Zhang Q Y, Chen G S. A combined method for short-term traffic flow prediction based on recurrent neural network ［J］. Alexandria Engineering Journal, 2021, 60（1）：87-94.

［13］ 彭博，唐聚，蔡晓禹，等．基于 3DCNN-DNN 的高空视频交通状态预测 ［J］. 交通运输系统工程与信息，2020（3）：39-46.

［14］ Al-qaness M A A, Abbasi A A, Fan H, et al. An improved YOLO-based road traffic monitoring system ［J］. Computing, 2021, 103：211-230.

［15］ 刘嗣超，武鹏达，赵占杰，等．交通监控视频图像语义分割及其拼接方法 ［J］. 测绘学报，2020，049（004）：522-532.

［16］ Lawrence T, Zhang L. IoTNet：An Efficient and Accurate Convolutional Neural Network for IoT Devices ［J］. SENSORS, 2019, 19（24）：5541.

［17］ 康庄，杨杰，李桂兰，等．基于改进 YOLO v3 的站口行人检测方法 ［J］. 铁道科学与工程学报，2021，18（01）：55-63.

［18］ Yang J, He W Y, Zhang T, et al. Research on Subway Pedestrian Detection Algorithms Based on SSD Model ［J］. IET Intelligent Transport Systems, 2020, 14（11）：1491-1496.

［19］ 何文玉，杨杰，张天露．基于深度学习的轨道异物入侵检测算法 ［J］. 计算机工程与设

计，2020，41（12）：3376-3383.

［20］甘雷. 车辆牌照识别系统（LPRS）研究［D］. 北京：北京工业大学，2002.

［21］Anagnostopoulos C N, Anagnostopoulos I, Psoroulas I D, et al. License plate recognition from still images and video sequences: A survey［J］. IEEE transactions on intelligent transportation systems, 2008, 9（3）：377-391.

［22］贺智龙，肖中俊，严志国. 基于 HSV 与边缘信息的车牌定位与字符分割方法［J］. 齐鲁工业大学学报，2019，33（03）：44-48.

［23］Azad R, Davami F, Azad B. A novel and robust method for automatic license plate recognition system based on pattern recognition［J］. Advances in Computer Science An International Journal, 2013, 2（3）：64-70.

［24］陈佳，刘立. 基于数学形态学的车牌定位方法［J］. 科技与创新，2014（12）：113-115.

［25］杨丽萍. 基于数学形态学的车牌定位研究［J］. 信息通信，2016（002）：64-66.

［26］李新良. 基于模板匹配法的字符识别算法研究［J］. 计算技术与自动化，2012，31（02）：90-93.

［27］李鹏举，于瑞华，王九洁. 一种基于改进模板匹配方法的车牌字符识别研究［J］. 中国安防，2010（Z1）：116-119.

［28］邓婷. 基于特征统计的车牌非汉字字符识别方法［J］. 广西师范学院学报（自然科学版），2009，26（04）：88-92.

［29］吴进军，杜树新. SVM 在车牌字符识别中的应用［J］. 电路与系统学报，2008（01）：84-87.

［30］余烨，付源梓，陈维笑，等. 自然场景下变形车牌检测模型 DLPD-Net［J］. 中国图象图形学报，2021，26（03）：556-567.

［31］饶文军，谷玉海，朱腾腾，等. 基于深度学习的车牌智能识别方法［J］. 重庆理工大学学报（自然科学），2021，35（03）：119-127.

［32］祁忠琪，涂凯，吴书楷，等. 基于深度学习的含堆叠字符的车牌识别算法［J］. 计算机应用研究，2021，38（05）：1550-1554，1558.

［33］史建伟，章韵. 基于改进 YOLO v3 和 BGRU 的车牌识别系统［J］. 计算机工程与设计，2020，41（08）：2345-2351.

［34］Lin T Y, Goyal P, Girshick R, et al. Focal loss for dense object detection［J］. IEEE Transactions on Pattern Analysis & Machine Intelligence, 2017, PP（99）：2999-3007.

［35］Xu Z, Wei Y, Meng A, et al. Towards end-to-end license plate detection and recognition: A large dataset and baseline［C］// European Conference on Computer Vision. Springer, Cham, 2018.

［36］Zou Z X, Shi Z W, Guo Y H, et al. Object detection in 20 years: A survey senior member［J/OL］. https://arxiv.org/abs/1905.05055.

［37］Lecun Y, Bengio Y, Hinton G. Deep learning［J］. Nature, 2015, 521（7553）：436.

［38］Girshick R, Donahue J, Darrell T, et al. Region-based convolutional networks for accurate object detection and segmentation［J］. IEEE transactions on pattern analysis and machine intelligence, 2016, 38（1）：142-158.

［39］ Krizhevsky A, Sutskever I, Hinton G. Imagenet classification with deep convolutional neural networks ［C］ //Proceedings of the Advances in neural information processing systems. 2012: 1097-1105.

［40］ Redmon J, Divvala S, Girshick R, et al. You only look once: Unified, real-time object detection ［C］ //Proceedings of the IEEE conference on computer vision and pattern recognition, 2016: 779-788.

［41］ Liu W, Anguelov D, Erhan D, et al. SSD: Single shot multibox detector ［C］ //Proceedings of the European conference on computer vision (ECCV). Springer, 2016: 21-37.

［42］ Lin T Y, Goyal P, Girshick R, et al. Focal loss for dense object detection ［J］. IEEE transactions on pattern analysis and machine intelligence, 2017, 99: 2999-3007.

［43］ Redmon J, Farhadi A. YOLO9000: Better, faster, stronger ［C］ //Proceedings of the IEEE Conference on Computer Vision and Pattern Recognition. Honolulu: IEEE Computer Society, 2017: 6517-6525.

［44］ Redmon J, Farhadi A. YOLO v3: An Incremental Improvement ［EB/OL］. https://arxiv.org/pdf/1804.02767.pdf.

［45］ Bochkovskiy A, Wang C Y, Liao H Y M. YOLO v4: Optimal speed and accuracy of object detection ［EB/OL］. https://arxiv.org/abs/2004.10934.

［46］ Purkait P, Zhao C, Zach C. SPP-Net: Deep absolute pose regression with synthetic views. ［EB/OL］. https://arxiv.org/abs/1712.03452.

［47］ Girshick R. Fast R-CNN ［C］ //Proceedings of the International Conference on Computer Vision. Santiago: IEEE Press, 2015: 1440-1448.

［48］ Ren S, He K, Girshick R, et al. Faster R-CNN: Towards real-time object detection with region proposal networks ［C］ //Proceedings of the Advances in Neural Information Processing Systems. Montreal: MIT Press, 2015: 91-99.

［49］ Dai J, Li Y, He K, et al. R-FCN: object detection via region-based fully convolutional networks ［C］ //Proceedings of the 30th Conference on Neural Information Processing Systems, 2016: 379-387.

［50］ Lin T Y, Dollár P, Girshick R, et al. Feature pyramid networks for object detection ［C］ //Proceedings of the computer vision and pattern recognition, 2017: 936-944.

［51］ Duan K, Xie L, Qi H, et al. Corner proposal network for anchor-free, two-stage object detection ［J/OL］. https://arxiv.org/abs/2007.13816.

［52］ Cao J, Cholakkal H, RaoM A, et al. D2Det: Towards high quality object detection and instance segmentation ［C］ //Proceedings of the 2020 IEEE/CVF Conference on Computer Vision and Pattern Recognition (CVPR), IEEE, 2020.

［53］ 周晓勤. 中国城市轨道交通"十三五"回顾与"十四五"展望 ［J］. 城市轨道交通, 2020, 12: 6-10.

［54］ Laurence N P, Frédéric C, Sebastien C, et al. Adaptive bayesian combination of features from laser scanner and camera for pedestrian detection ［J］. IFAC Proceedings Volumes, 2007, 40 (15): 367-372.

［55］ Ju H, Bir B. Fusion of color and infrared video for moving human detection ［J］. Pattern Recognition, 2006, 40 (6): 1771-1784.

［56］ Liu D W, Gao S, Chi W D, et al. Pedestrian detection algorithm based on improved SSD ［J］. International Journal of Computer Applications in Technology, 2021, 65 (1): 25-35.

［57］ Xie J, Pang Y W, Hisham C, et al. PSC-Net: Learning part spatial co-occurrence for occluded pedestrian detection ［J］. Science China (Information Sciences), 2021, 64 (02): 31-43.

［58］ Wang Y, Han C, Yao G L, et al. MAPD: An improved multi-attribute pedestrian detection in a crowd ［J］. Neurocomputing, 2020, 432: 101-110.

［59］ Pop D O, Rogozan A, Nashashibi F, et al. Pedestrian recognition using cross-modality learning in convolutional neural networks ［J］. IEEE Intelligent Transportation Systems Magazine, 2019, 13 (1): 210-224.

［60］ Huang X, Zou Y, Wang Y. Cost-sensitive sparse linear regression for crowd counting with imbalanced training data ［C］. 2016 IEEE International Conference on Multimedia and Expo (ICME), 2016.

［61］ Chan Antoni B, Vasconcelos Nuno. Counting people with low-level features and Bayesian regression ［J］. IEEE Transactions on Image Processing: A Publication of the IEEE Signal Processing Society, 2012, 21 (4): 2160-2177.

［62］ Olmschenk G, Tang H, Zhu Z. Crowd counting with minimal data using generative adversarial networks for multiple target regression ［C］. 2018 IEEE Winter Conference on Applications of Computer Vision (WACV), 2018.

［63］ Zhang C, Li H S, Wang X G, Yang X K. Cross-scene crowd counting via deep convolutional neural networks ［C］. 2015 IEEE Conference on Computer Vision and Pattern Recognition (CVPR), 2015.

［64］ Vishwanath A S, Vishal M P. A survey of recent advances in CNN-based single image crowd counting and density estimation ［J］. Pattern Recognition Letters, 2018, 107: 3-16.

［65］ Zhang Y Y, Zhou D S, Chen S Q, et al. Single-image crowd counting via multi-column convolutional neural network ［C］. 2016 IEEE Conference on Computer Vision and Pattern Recognition (CVPR), 2016.

［66］ 孟月波, 纪拓, 刘光辉, 等. 编码-解码多尺度卷积神经网络人群计数方法 ［J］. 西安交通大学学报, 2020, 54 (05): 149-157.

［67］ 郭瑞琴, 陈雄杰, 骆炜, 等. 基于优化的 Inception ResNet A 模块与 Gradient Boosting 的人群计数方法 ［J］. 同济大学学报 (自然科学版), 2019, 47 (08): 1216-1224.

［68］ Li Y H, Zhang X F, Chen D M. CSRNet: Dilated convolutional neural networks for understanding the highly congested scenes ［C］. 2018 IEEE/CVF Conference on Computer Vision and Pattern Recognition, 2018.

［69］ 中华人民共和国国家统计局, 中国统计局. 中国统计年鉴: 2018 ［M］. 北京: 中国统计出版社, 2018.

［70］ An S, Lee B H, Shin D R. A survey of intelligent transportation systems ［C］//2011 ThirdInternational Conference on Computational Intelligence, Communication Systems and Networks. IEEE,

2011：332-337.

[71] 何佳，戎辉，王文扬，等．百度谷歌无人驾驶汽车发展综述［J］．汽车电器，2017（12）：19-21.

[72] 张国山，刘振．雾霾天气下交通标志的检测与识别［J］．天津工业大学学报，2015，34（05）：71-75.

[73] 冯春贵，祝诗平，王海军，等．基于改进模板匹配的限速标志识别方法研究［J］．西南大学学报（自然科学版），2013，35（04）：167-172.

[74] 谷明琴，蔡自兴，李仪，等．基于多模型表示的交通标志识别算法设计［J］．控制与决策，2013，28（06）：844-848.

[75] 王斌，常发亮，刘春生．基于MSER和SVM的快速交通标志检测［J］．光电子·激光，2016，27（06）：625-632.

[76] Takaki M，Fujiyoshi H. Traffic sign recognition using SIFT features［J］. IEEE Transactions on Electronics，Information and Systems，2009，129：824-831.

[77] 常发亮，黄翠，刘成云，等．基于高斯颜色模型和SVM的交通标志检测［J］．仪器仪表学报，2014，35（01）：43-49.

[78] 童零晶．基于视觉传达技术的交通标志图像智能识别［J］．现代电子技术，2020，43（11）：55-58.

[79] 王永平，史美萍，吴涛．快速鲁棒的交通标志检测方法［J］．计算机工程与应用，2010，46（32）：163-165.

[80] 陈昌川，王海宁，赵悦，等．一种基于深度学习的交通标志识别新算法［J］．电讯技术，2021，61（01）：76-82.

[81] 陈秀新，叶洋，于重重，等．基于深度学习的雾霾天气下交通标志识别［J］．重庆交通大学学报（自然科学版），2020，39（12）：1-5.

[82] 江金洪，鲍胜利，史文旭，等．基于YOLO v3算法改进的交通标志识别算法［J］．计算机应用，2020，40（08）：2472-2478.

[83] 邓涛，李鑫，汪明明，等．基于宽浅稠密网络的无人驾驶汽车交通标志牌识别［J］．汽车技术，2020（01）：12-18.

[84] 孟琭，杨旭．目标跟踪算法综述［J］．自动化学报，2019，45（07）：1244-1260.

[85] 成悦，李建增，褚丽娜，等．基于模型与尺度更新的相关滤波跟踪算法［J］．激光与光电子学进展，2018，55（12）：297-303.

[86] 王亚男．基于RGB-D信息的移动机器人人体目标跟随方法［D］．杭州：浙江工业大学，2019.

[87] 高文，朱明，贺柏根，等．目标跟踪技术综述［J］．中国光学，2014，7（03）：365-375.

[88] 张微，康宝生．相关滤波目标跟踪进展综述［J］．中国图象图形学报，2017，22（08）：1017-1033.

[89] 贾艳丽．基于视频图像序列的运动目标检测与跟踪［D］．哈尔滨：哈尔滨工程大学，2012.

[90] 刘俊群．非均匀DFT快速实现算法及其应用研究［D］．长沙：国防科学技术大

学，2016.

[91] 纪纲，高富东，范加利. 基于改进的 MOSSE 相关滤波的目标跟踪 [J]. 计算机测量与控制，2018，26（06）：236-238，243.

[92] Owens J D, Houston M, Luebke D, et al. GPU computing [C] //Proceedings of the IEEE, 2008, 96（5）：879-899.

[93] Henriques J F, Caseiro R, Martins P, et al. High-speed tracking with kernelized correlation filters. [J]. IEEE transactions on pattern analysis and machine intelligence, 2015, 37（3）：583-596.

[94] Zhai Y, Han D, Xu B H, et al. Accurate scale estimation for correlation filter based visual tracking [C]. International Conference on Digital Image Processing, 2019.

[95] Alex B, Ge Z Y, Lionel O, et al. Simple online and realtime tracking [J/OL] . 10. 1109/ICIP. 2016. 7533003.

[96] Ren S, He K, Girshick R, et al. Faster R-CNN：Towards real-time object detection with region proposal Networks [J/OL]. 10. 1109/TPAMI. 2016. 2577031.

[97] Wojke N, Bewley A, Paulus D. Simple online and realtime tracking with a deep association metric [J/OL]. https：//arxiv. org/abs/1703. 07402v1.

[98] Redmon J, Farhadi A. YOLO v3 [J/OL]. https：//pjreddie. com/media/files/papers/YOLOv3. pdf.

[99] Bochkovskiy A, Wang C Y, Liao H Y M. YOLO v4：optimal speed and accuracy of object detection [J/OL]. https：//arxiv. org/abs 12004. 10934.